炭焼紀行

三宅 岳

創森社

人・緑・炎〜序に代えて〜

緑豊かなこの国の、山を彩る雑木の林。そのあちらこちらに、紫の煙がゆらゆらとたなびいている。

ほんの数十年前まで、どこの山村にも見られた炭焼きの光景。

しかし、僕はこういった景色を自分の目で味わったことがない。東京でオリンピックが催された年に生を受けた者にとって、炭焼きや木炭は生活圏の外側にある、まさに〝消えゆく何か〟といった存在であった。まさかその〝何か〟をめぐる旅に出ることになるなど、これっぽっちも考えてみなかったことだったのである。

ところで、木炭を手に取り、その面構えをじっくり味わったことがあるだろうか。一見、ただの黒い塊に見える木炭も、光の具合や原木の種類により、金属様の光沢が走ったり微妙な色彩が見え隠れしたり、その表情は意外にも変化に富み、美しい。もっとも木炭は炭素の塊、すなわちダイヤモンドの親戚筋。美しさの血統書付きというわけではあるのだが。

さて、骨格が炭素なら先祖は樹木というのが木炭の出自。炭材となる樹の種類、木肌の風合い、断面の美しさ、それから炭に加工する際の焼き方により、炭には色彩の妙に加えて造形的な表情が与えられる。いずれいくばくかの灰だけを残して跡形もなく消え去る運命にある炭。実用品の中に潜む美しさ、表情の豊かさ。ここに、黙々と炭を焼き続ける職人さんの気質がにじみ出ていると思うのは、各地の炭焼きさんの仕事を垣間見《かいまみ》てきた僕の、少しひいき目の見方であろうか。いや。そんなことはない。

それは木炭が、まさに自然の恩恵とそこで生き抜く人の知恵とがぐっと凝縮結晶化した姿にほかならないからなのである。

＊

僕と木炭とのつきあいは、東京郊外の高尾山山麓《たかおさんさんろく》で、生活雑廃水を浄化するという住民プロジェクトの手伝いをしたことに端を発している。ちょうど大学二年の頃、自主ゼミナールであった。この時、炭は燃料としてではなく、水質浄化のための汚れの吸着材として僕の前に現れたのだ。

僕の学科の土壌水界研究室、小倉紀雄先生の下で、拙《つたな》いながらも化学実験をしたのである。透明なフラスコに砕いた炭とサンプルの水を入れ、一定時間の攪拌《かくはん》で、いったいどれだけの汚れが炭に吸着されるかどうか、という、頭でっかちな実験が、僕と炭との距離を少しだけ短くしたのである。

このゼミを通して、初めて出会ったのが杉浦銀次先生である。杉浦先生は国の林業試験場（現在の森林総合研究所）で長年にわたり木炭を研究されてきた方で、当時、衰退激しい木炭の世界を憂い、あらゆる機会に木炭の復権を訴えてきた人なのである。学園祭の時には研究の成果を発表するとともに、記念の講演をお願いしたりしたのである。以来、杉浦先生とは、かなり迷惑なこととは思うのだが、ずいぶん長いつきあいをさせていただいている。

そして、初めて炭焼きさんの仕事を見る機会に恵まれたのは、そんな実験をしていた頃のことであった。地元、神奈川県最北の地である藤野町《ふじのまち》で、小さな炭焼き見学会が催され

たのであった。明るい山際の斜面に建つ人家の脇《わき》をすり抜け、谷筋に沿って歩くことわずか、伐採された雑木山と鬱蒼《うっそう》とした植林地の境、かすかに木の焦げる懐かしい匂《にお》いが漂ってきた所に、初めて見る炭焼き小屋があった。

その時は、まず土と石で作られた窯《かま》と、うっすらと灰に包まれた炭焼き小屋の存在感に瞠目《どうもく》。次に炭焼きさんの地元の言葉がふんだんに盛り込まれた木訥《ぼくとつ》とした話しぶりに感激。そして、窯口を閉じた石を取り除いたとたんに現れた、真っ赤に渦巻く炎と黄金に光輝く炭の美しさに、思わず息を飲んでしまった次第。

火気厳禁といわれる山の中で、こんなにも見事な炎塊を操る仕事があるということ自体、とても新鮮だったのだ。この日は、驚きに満ち満ちていた。

関東西部の山間地の伝統的な白炭《しろずみ》の製炭風景。これが、僕と炭との本当の出合いであった。それから数年後、僕が本格的に写真を撮るようになったとき、テーマとして炭焼きが浮かんだことはじつに自然な成り行きであった。しかし、その時、すでに地元で白炭を焼く人はたった一人であった。その人、石井高明さんを撮影させていただいたことが、僕の炭焼き紀行の始まりとなった。

撮影にうかがうたびに、石井さんの仕事を通して炭焼きの奥の深さが、少しずつひしひしと伝わってくるのである。

石井さんの仕事ぶりは後にたっぷりしたためることとするが、とにかく僕は、石井さんから、炭焼きの何たるかを教えられたような気がしている。そして、炭を焼く山がいかに豊饒《ほうじょう》な生活の場であるかも伝えられたのである。そこには人と緑と炎の織りなす物語が

あるのだ。
石井さんとの出会いがなければ、おそらく炭と炭焼く人の魅力は僕の前を素通りしてしまったであろう。

＊

石井さんとの出会いをきっかけに、僕はあちらこちらに紫煙を訪ねる旅に出るようになった。

ウバメガシを炭材にする最高級白炭の紀州備長炭《びんちょうたん》、クヌギを炭材とし茶の湯に用いる最高級黒炭《くろずみ》の池田炭《いけだずみ》、岩手のナラ黒炭、秋田のナラ白炭、等々、有名な製炭地から無名の山里まで、日本諸国には、まだまだ炭焼きの火を絶やさずに焼き続けてきた所がたくさんある。

そして、それぞれの地域の風土と、そこに成立する雑木の林。地域固有の天恵を活《い》かし、体を張って技術を磨いた炭焼き職人がいる。たどり着く先々で、炭化する香りから、渦巻く炎から、炭焼く人から、窯《かま》をとりまく自然から、有形無形の教えを受けてくる旅。

人・緑・炎が三位一体となり織りなすドラマと出合う旅。

地図で見るよりも、頭で考えるよりも、ずっと深いこの国の懐を垣間見る旅。

さあ、炭焼きの奥深い世界へ。

二〇〇〇年一一月

三宅　岳

炭焼紀行——目次

優良
岩手木

装丁――田村義也
＊
本文デザイン――寺田有恒
編集協力――霞　四郎

■ MEMO ■

白炭と黒炭

炭は白炭《しろずみ》と黒炭《くろずみ》の二つに大別することができる。本書にもこの二つの言葉がしばしば出てくるので、ここでこの二つの炭の違いを簡単に述べておきたい。

木炭は炭焼き窯《がま》の中で木を蒸し焼きにして作るが、その際の消火方法の違い、窯外《ようがい》消火か窯内《ようない》消火かによって、白炭か黒炭かに分かれるのである。

窯《かま》の中で高温に熱せられ、ほぼ炭化した段階で、窯口を少しずつあけて空気を流入させ、不純物を一気に燃やし尽くす。この「ねらし」と呼ばれる作業の後、その火のついた状態のまま窯口から外に出し、灰などをかけて消火し、冷めるのを待つ。これが窯外消火法。

この方法で作られるのが「白炭」である。最高級の燃料炭である紀州備長炭《びんちょうたん》をはじめ、土佐備長炭や日向《ひゅうが》備長炭などの備長炭は白炭である。また、東北から新潟にかけての日本海側や、関東西郊の奥多摩《おくたま》・奥秩父《おくちちぶ》に連なる山地も、石で作った窯を用いた白炭の産地であった。

一方、炭化が終了した頃に、窯口や煙道口を土などで密封し、人が入れる程度に冷めてから窯の中に入って炭を取り出す。これを窯内消火法といい、こうして作られるのが「黒炭」である。この製法の際は、ほとんど「ねらし」をかけない。お茶席で用いられる炭はクヌギの黒炭であり、また、最大生産量を誇る岩手県でもほとんどが黒炭である。

このように、製法の違いが白炭か黒炭かの違いを生むのである。決して、炭材の種類の違いではない。白炭の代表、紀州備長炭はその炭材のほとんどがウバメガシという木であるが、伊豆地方では、そのウバメガシで黒炭を焼いている。

1

日窯と向き合い続けた炭焼き人生

神奈川県藤野町　石井高明さん

丸俵を整える。石井高明さんは、最後まで俵で出荷していた

エブリで炭を出す石井高明さん。関東西郊の伝統ある白炭の日窯、石窯である

木なぐり。炭材の木を斜面から落としてゆくこと。単純に見えるがコツがいる

十分にねらしがかけられた石井高明さんの炭。灼熱の炎塊が姿を露（あらわ）にする

灼熱と戦う熟練の職人は、渾身で炭焼く人であった

変容する里山の姿

関東の低山といえば、晩秋・初冬がいい。こざっぱりとしたコナラの森を、足どり軽く落ち葉踏み分け歩くのはじつに楽しい。

　この季節感あふれる里山の森は、かつては薪炭《しんたん》の供給源として、人々の生活と密接に関わりを持っていた。山に柴《しば》刈りに行くのはごく日常の光景であった。

　しかし、戦後の拡大造林政策による杉、ヒノキ林への転換、そして高度経済成長に伴う山林への無秩序な開発により、落葉広葉樹主体の里山の森の面積は著しく減少した。そして、山林労働をする人も激減し、人手が入らず、放置されたままの山林も多い。

　藤野町《ふじのまち》は神奈川県最北端に位置する町で、神奈川県の水瓶《みずがめ》である相模《さがみ》湖や、ハイキングコースで有名な陣馬山《じんばさん》を抱える、水と緑が豊かな町である。

　そして、この町は僕が育った町でもある。小学校三年の時、東京から転居して以来、僕にとってはかけがえのないふるさとの町である。

　藤野町は一九五五年に一町六か村が合併してできた町なのだが、その最北にあたるのが旧佐野川《さのがわ》村の地域。陣馬山や生藤山《しょうとうさん》といったハイカーにその名の知られた山々に囲まれたこの地域で、最後の炭焼きとしてその炎を守ってきたのが、石井高明さんである。

「ほかに収入の道がなかったよう、昔は」

　石井さんが初めて自分で炭を焼いたのは、数えで一八歳の時。奉公で無理がたたり、家に戻った後であるという。その時、炭を焼いた窯《かま》は旧佐野川村の北端に位置する、相武甲（相模《さがみ》・武蔵・甲州）国境の三国山（奥秩父《おくちちぶ》の三国山《みくにやま》とは異なる）近く。四俵窯だったそうだ。

　しかし、石井さんにとって、家業の炭焼きは幼い頃から生活の一部であったのだ。病に臥《ふ》せっていた父親に代わり、隣町まで約二里

炭材を詰め込む。さっと投げた炭材は、窯の中にきれいに立つのである

（約八キロ）の道程《みちのり》を兄弟で炭俵を背負って行ったのが、石井さんの炭焼き人生の起点であった。その時、なんと八歳というから驚く。ちなみに一俵は一五キロである。

「働いて褒《ほ》められるのがうれしくてなア、一所懸命働いたア」

学校に行くよりも働くことの多かった日々を、今でこそ笑いを浮かべながら語る石井さんである。

以来、戦争で出征していた時期と、帰国後マラリヤの後遺症に悩んだ一時期を除けば、ほぼ炭焼き一筋の人生である。

使った窯は五〇以上

一九四六年に復員、四七年に結婚したときは軍刀利《ぐんだり》神社の沖（奥のこと）で炭を焼いていたという。

「そっちこっちで、でこオ（たくさん）焼いてらア」

石井さんは、昔ながらのスタイルを貫き、あちらこちらの山中で炭を焼き続けてきた。

「使った窯の数は、五〇は下らなかんべ」

炭材の生えている雑木の山々には、すでに先人の築いた窯が点々とあったという。

たしかに、現在でも山襞《やまひだ》を細かく刻む谷の一つひとつに分け入ってみれば、必ずといっていいほど何基かの窯跡と出合う。

その山中に埋もれていた窯を修復してから周囲の木を炭焼きして、そこを焼ききれば、また次の山を買い、そこの窯で焼くという焼き方で、石井さんは炭を焼いてきた。

山は一定期間、山持ちにお金を払い、借り受けるのである。このことを「買う」という。

買った山には、早朝暗いうちから出かけ、夕刻遅くなって帰るのが常であった。

炭焼きを始めた頃は、火振《ひぶ》りといって、火のついた炭を振って照明の代わりにした、という話である。ただ、火振りの期間は長くなく、程なくしてその役目は懐中電灯に取って代わっている。

山中に築かれた石井さんの窯

西日を浴びて。窯の周りには炭材が集められている

窯の後ろに神様を祀（まつ）る。一月一七日が山の神の日。正月の仕事始めにも御神酒を捧げる

窯出しは長年使用してきたカナエブリで慎重に行われる

また、陣馬山と景信山《かげのぶやま》を結ぶ明王《みょうおう》峠の近くなど、自宅から通えない山深い場所では、窯の横に掛けた小屋に泊まり込みながら炭を焼いたという。

戦後の一時期は就職先がなく、石井さんの地元でも、炭焼きで現金収入を得ようという人が急増した。

「競るから（借り賃の）高い山を買うでしょう」

張り込みすぎて、一年たっても手元には雀《すずめ》の涙ほどの額しか残らなかったこともあったという。しかし、そうしなければ山が買えなかった時期だったのだ。

その後、戦後復興とともに山を離れ街に働く者の数がふえ、山を競りで争うことはなくなったが、今度はプロパンガスの普及により先行きの見えない時代が続くようになる。長くて暗いトンネルから一息ついたのは、石油ショックの時期だったという。

こうして山を買い続けて、石井さんは炭を焼き続けてきたのだ。

もっとも、以前、奥さんが語ってくれたところによれば、石井さんも一時勤めに出たことがあったという。ところが、駅までのバスに酔ってしまうのだという。そういえば、石井さんは車の運転はしない。

また、暑い時期などには炭焼きではなく枝打ちなどもしていたようだが、いずれにしても、山の中ならば縦横無尽の石井さん、体質としても根からの炭焼きなのである。

白炭を焼くのは日窯

最高級の炭として知られる紀州備長炭《びんちょうたん》も白炭《しろずみ》ならば、石井さんが丹精込めて焼いてきたのも白炭である。たたけばカーンと澄み切った金属音が響く、堅くてしっかりとした白炭である。

関東の西郊の山地、秩父から奥多摩《おくたま》、山梨東部から藤野周辺までは伝統的に白炭が焼かれてきた地帯なのである。

ソリで炭材を運ぶ。動力が普及した現在、こうした風景はなかなか見ることができない。（左）傾斜が適当なら、機械より楽だという石井さん。体力と技術、経験が生きる仕事である

石井さんが炭を焼いてきた窯をはじめ、この地域の白炭窯は天井が石でできた石窯で、日窯《ひがま》と呼ばれる小さなサイズのものである（日窯というのは、炭材を詰めてから炭に焼き上げるまでの全工程が丸一日から三日程度と、短い期間でワンサイクルが終わる窯である）。

また、紀州備長炭では比較的温暖な海岸沿いによく生えるウバメガシが炭材なのに対し、この付近ではクヌギやコナラといった、いわゆる武蔵野の雑木林を構成する主要な樹種が炭材として使われてきている。

こうして焼かれ続けてきた藤野周辺の白炭だが、他の製炭地同様、昭和三〇年代（一九五五～六四年）のガスの普及とともに、一気に衰退している。都心近郊という立地でもあり、農林業に携わる人は激減、かつ高齢化し、いつしか谷筋に上っていた紫煙は一つまた一つと姿を消していった。

そして、気がつけばこの地の白炭を焼く人は本当に少なくなっていたのである。

その少ない一人として、石井さんは炭を焼き続けてきた。少なくとも、藤野町の中では本当に最後の白炭職人になってしまったのである。

「自分でも良いと思う炭は、でこォ（たくさん）掃けねえなア」

遠い昔を思い出すようにつぶやく石井さん。

「掃く」とは灼熱《しゃくねつ》の窯から、赤金に輝く炭をエブリ（柄振）で掻《か》き出すことで、この一連の作業は白炭製炭の核心である。

ここで石井さんの仕事ぶりをたどってみよう。

石井さんが山に行くのは、まだ夜も明け切らぬ暗いうちだ。窯に着いたら、まずは炭の焼け具合をしっかりと確認。

煙道口を調節して焼き具合をよくしてから、まずは山仕事。チェーンソーを使って炭材や柴を伐採する。次に、倒した木をなぐり、

慎重に、大胆に。仕事は淡々と続けられる。木を運ぶのも炭焼き仕事の大事な仕事

石井さん愛用の斧・金矢(かなや)・ハンマー。太すぎる炭材は割ってから窯に入れる

金矢を使い炭材を割る。性（たち）のいい木ならすっと割れるのだが、割れにくいときもある

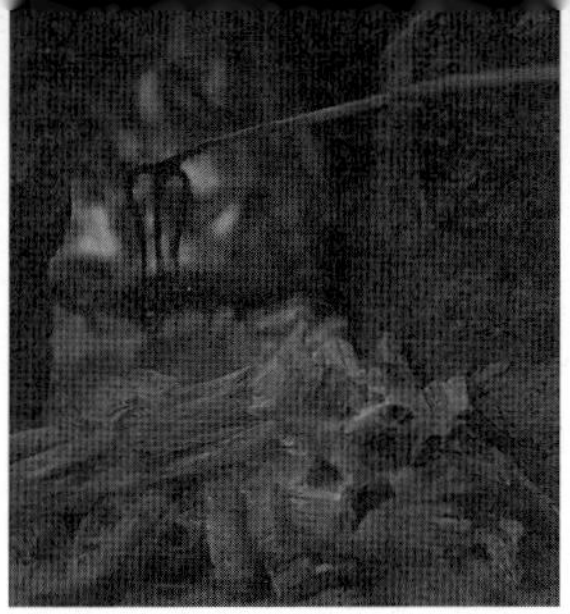
窯出し。カナエブリの先の形は独特のもの

そしてその木を窯に運ぶ。「木なぐり」とは、木を投げ落とすこと。地形によりなぐった木が窯のすぐそばに行くこともあれば、少し離れた場所にとどまることもある。

ちなみに、この地域では炭材となる樹はカシが一番というが、冬になれば驚くほどの雪が降ることもあり、温暖な地を好む常緑のカシは少なく、やはり落葉のナラ（コナラ）が炭材の中心となる。

木を運ぶには、キャタピラ付きの機械を用いるが、傾斜さえ合えば、ソリを引くこともある。ソリ道には細く丸い木が枕木のように横に置かれ、滑りをよくするための水がまかれる。

その間、常に窯の具合には気を配る。煙の色や匂《にお》いを判断基準に、焼け具合を的確に判断・調整する。調整は、煙突（くど）の煙道口の微妙な開け閉めによる。青煙《あおけぶ》が透明になり、ある程度焼けたと判断したら、徐々に窯口を開き空気を入れはじめる。いわゆる「ねらし」である。徐々に酸素を送り込んで炭化を進行させるという、白炭独特のプロセスである。

窯口の石の隙間《すきま》から輝く炎が見え隠れして、いよいよ炭を掃く時間が近くなる。

そして、ここぞと判断が下れば、もう石井さんは窯口の石組みを開けている。そして、手にしたエブリを使って炭を掃き出しはじめるのだ。

窯の中の重厚な炎塊。エブリの先に砕け散る火花。そして石井さんの紅潮した顔。ほの暗い谷間の灰白色の窯庭で、急ぐことなく休むことなく繰り広げられる一連の作業には、ある種の様式美にも似た空気さえ漂っている。慎重に炭を掃く石井さんは灼熱との戦いを強いられるのだが、見るだけの者には、厳かささえ感じられる。

掃き出された生まれたての炭は窯庭の片隅で、御灰《ごべえ》をかけて消化する。水蒸気と灰が舞い、世界が白く研ぎ澄まされる。

一俵一五キロ。背負子（しょいこ）で運ぶのも炭焼きの仕事。昔は五俵ほどは背負ったという

ここで昼食の時間となる。労働に比例して、結構なボリュームの弁当である。

見事な職人の技

食後はただちに翌日の準備にかかる。まず、窯の脇《わき》に用意していた新しい炭材を、窯口から投げ入れる。窯内に投げ入れられた木は、窯の中で整然と立ち並んでいく。見事なコントロールである。まれに、うまく立たないときには木の叉《また》を使って立て直す。

窯の中は灼熱のるつぼなので、投げ入れられた木はすぐに水蒸気を上げはじめ、やがて自然に着火する。炭材をすべて詰め込んでから、窯口で柴が焚《た》かれ、窯の温度をどんどん上げる。

その一方で、金矢《かなや》とハンマー、あるいは斧《おの》を使って太すぎる材を割って炭材の準備をしたり、窯の周りを仕事をしやすく整理するのも大事な仕事である。

首尾よく翌日の準備まで整えたら、最後に御灰の中に埋められたできたての炭を掘り出し、俵に詰める。一俵一五キロ。丸く整えられる俵の中に、石井さんはどんどん炭を詰め込んでいく。美しい円筒形に仕上げられた炭俵を計ってみれば、ほぼぴったり一五キロの重量である。これも、職人の技である。

そして、数俵の炭俵が仕上がる頃には、すでに、谷間の窯の周りはとっぷりと暮れている。

そして、仕事の仕上げは炭の搬出である。背負子《しょいこ》に二俵ほどの炭をくくりつけ、問屋が来る自動車道の脇まで運び出すのだ。

むろん軽かろうはずはないその背負子を、石井さんはゆっくりゆっくりと林道まで担ぎ上げる。だいたい二往復して、やっと仕事が終わる。

早朝から夕刻まで丸一日がかりの労働を、石井さんはじつに淡々と、じつに当たり前にこなしていた。

足しげくというほどではないにしろ、時間

炭俵。隣の秋山村で編まれていた。最後の頃、俵は編む人がなく、使い回しとなった

簡素にして端正。簡単な造りだが、必要十分な窯庭を持つ

小屋掛け。古い炭焼き窯を再活用する。その場の素材を利用し、簡単な小屋を造る

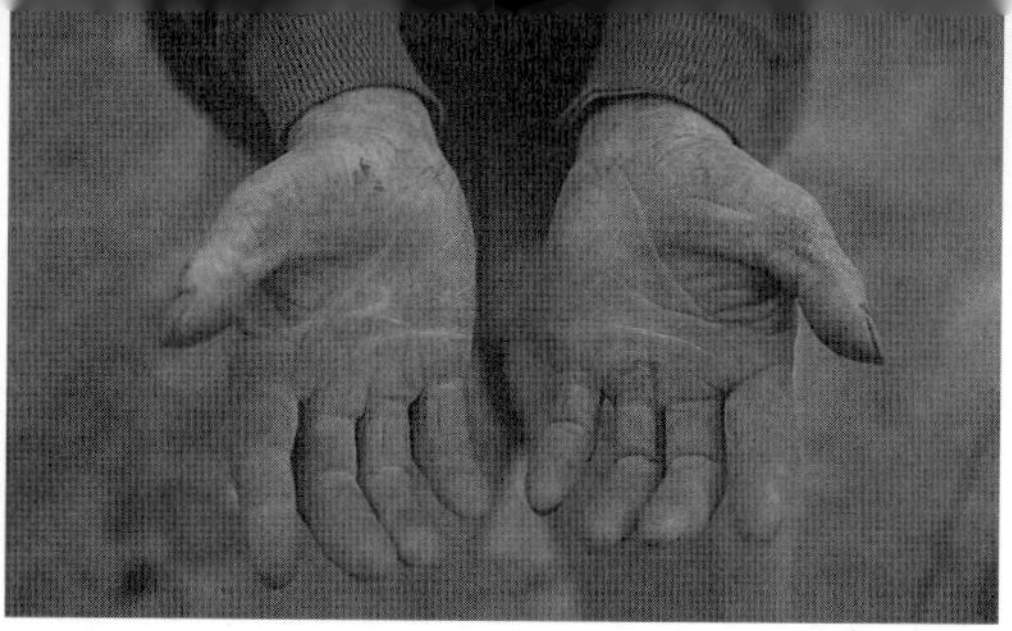

石井高明さんの半世紀にわたって炭焼く技を成し遂げた手

がある時に石井さんの窯に行くのは僕にとって密《ひそ》かな楽しみであった。

谷間の窯に向かうと、陽気なカントリーミュージックが流れてきてびっくりとしたことがあった。山間《やまあい》での孤独な仕事をする炭焼きさんには、ラジオを愛好する人が多い。石井さんも、しばしばラジオをかけながら仕事をしていたのだ。しかし、カントリーは石井さんの好みではなかったらしく、僕が窯に着く頃には他の放送局に切り替わっていたのだが、炭焼きの香が漂う小さな谷間に、妙にその音楽が似合っていた。

石井さんが自宅近くの最後の窯に移ったときには、窯に至る道づくりや小屋掛けを、ほんの少しだが手伝ったりした。

何年も使われずぼろぼろになった窯も、二《ふた》股《また》になった雑木を柱にして、竹や雑木を骨組みにしてトタンで小屋掛けをし、窯庭をきれいに整え、仕上げに窯の壁を粘土で修復してゆくと、ちゃんと再生するものなのだ。

真夏の蒸し暑い日、いやでもブンブンと集まる蚊を避けるために、集めた杉の葉を山にして火をつけ、いぶすことも教わった。

石井さんが正月をはさんでしばらく窯を休めているときに、窯の中に入って天井を写してみたこともあった。火を落として一週間以上たつ窯でも、なおその中は汗をかくほどに暖かであった。焼けた石窯は一度暖まればすっかり蓄熱してしまうのである。

さて、肝心の窯の天井だが、そこには赤く焼けた石がしっかりと、見事な螺旋《らせん》を描いていたのだった。

見えないところに手をかける。職人の仕事というのは全くすごい、と思い知らされる一瞬であった。

炭焼き人生にピリオド

一九九一年の六月、石井さんは最後の窯の火を消した。長年つきあった問屋に最後の炭を卸した後、近所の人に頼まれた分を焼いて、

日窯の天井。石組みが美しい

石井さんは炭焼き人生にピリオドを打った。

自宅近くの林をきれいに炭にした石井さんには、近くに手ごろな炭を焼く山がなくなってしまったのだ。年齢による体力の低下は、遠くの山での仕事をすでに許さなくなっていたのだ。

炭焼きをやめる前年、石井さんが風邪をこじらせて入院したことがあった。暮れの大雪の中で、一年の仕事の仕上げをきっちり納めたのがあだとなったのだ。もちろんお見舞いに行ったのだが、ベッドの上の石井さんは、かなり弱々しく、一気に老け込んで見えた。あの山を縦横に闊歩《かっぽ》する石井さんとは全く別人のようであった。炭焼きは一人でやり通すにはきついきつい仕事なのである。

「自分で山を持っていりゃあなあ」

自分が山持ちならボツボツとでも焼くのだが、焼いていたいのだが、というふうに僕には聞こえた。一杯傾けながら、少し早口でしゃべる石井さんの目が少々うるんでいた。

じつは、ここまでの文章は、一九九三年に「ヤマケイ情報版」という雑誌に掲載したものにかなり手を加えたものである。

この文章を書いたときは、ちょうど石井さんが炭焼きを引退した年。そのぶん、文章も印象も鮮明である。現在、石井さんについて書こうと思っても、どうしても細部が曖昧《あいまい》となり、どうもうまくないので、昔の記事を手直しすることにしたのである。

石井さんはすでに七八歳になられる。炭焼きこそやめたものの、自宅の周りに畑を耕し、幸せな暮らしを続けている。

同居する息子さんは、会社勤めで、それはやはり炭焼きの収入が少ないという全国どこの山村でも見られる事実の一つからの自然な選択である。

自ら、煙突学校の先生、などといって笑っていた石井さんは、僕にとって本当に先生である。石井さんの仕事を通じ、僕は木炭そのものよりも、その木炭の生まれた背景、そし

炭材を詰め終えた窯。焼き上がった白炭を俵に詰めれば、一日の仕事が終わる

藤野町南部、篠原の黒炭窯。僕の家から徒歩一分の距離にある

一日の仕事の仕上げ。淡々と俵を運ぶ石井高明さん

傾いた陽に、炭を掻き出す石井高明さんの姿がくっきりと浮かんでいた

て山に生きる職人のことを知りたくなったのだ。

炭焼きの命脈

石井さんが焼いていたような関東西郊の日窯を用いた白炭製炭は、残念ながらほとんどその姿を消してしまった。

しかし、完全に幻と化したか、というとそうではない。

藤野町から見ると、陣馬山をはさんだ北側に位置する八王子《はちおうじ》市恩方《おんがた》では、白炭などの講習をするという炭焼き塾（恩方一村逸品研究所主催）があり、新聞などでも取り上げている。また、三頭山《みとうさん》にある東京都の施設にも白炭窯が築かれ年に数回は使用されているようである。

さらに小菅村《こすげむら》の長作《ながさく》というところでは、守重さんという方が、立派な窯で炭を焼き続けていた。

また、単発ではあるが、石井さんが暮らす地区から峠を越えた、同じく藤野町佐野川地区で炭焼き体験会が開かれたこともある。

さらに、後述する藤野の隣町、上野原町《うえのはらまち》の野鍛冶《のかじ》・石井勝さんも、同じ系統の炭を焼いている。

産業としては衰退してしまったが、智の財産としての炭焼きは、まだまだ命脈を保っているようである。

なお、付け加えれば、現在でも、藤野町では相模湖の南側に位置する、旧牧野《まぎの》村にあたる篠原《しのばら》や菅井《すがい》地区などを中心に、黒炭《くろずみ》が営々と焼かれている。この黒炭は、伊豆半島から丹沢《たんざわ》南麓《ろく》、そして清川村《きよかわむら》から相模原《さがみはら》にかけて焼かれてきた黒炭の伝統を引いていると考えられている。

本格的に焼いている窯から、年に数回しか煙を上げない窯まであるが、炭焼きの火は消えていないのである。

藤野の町をまっすぐ南へ行く県道の脇に二基の立派な窯を築いているのは、菅井地区の

この日最後の口焚き。窯口を閉じて帰途につく

高崎峯吉さん。この二基は稼働率も高い。

そして、僕の住む篠原地区にも現役の黒炭窯がまだ四基もある。そして、農閑期の仕事として、秋から春にかけて、かわるがわるに煙を上げている。いや、ここ数年はそれ以外の季節にも案外煙を上げている時があるのだ。

そして、その黒炭窯から生まれる炭も、それぞれが立派な顔をした炭なのである。

僕が暮らす小さな家にも風向きにより炭焼きの香りが漂ってくる。そんな時は、ああ、いい場所に暮らしているなあ——僕はしみじみと思うのである。

2

「オイヤン」の炭焼き学校

和歌山県日置川町　玉井製炭所・玉井又次さん

炭を出す玉井又次さん。（左頁）まばゆいばかりの窯出し。エブリの先に黄金の火花が咲く

たおやかに流れる日置川。紀州南部の清流である

河川敷に立ち上る煙

海に囲まれた大きな半島を周遊する国道を南へとひた走る。常緑の木々が多い。小さなトンネルと小さな湾をいくつ越しただろうか。流れる風景はどれもこれも南国の日差しに眩《まぶ》しく輝いている。めざす町は、その半島の先端に近いのだ。

いよいよその町へ入る。役場への分岐を過ぎ、小さなトンネルを抜ける。ここからはいよいよ国道とお別れだ。大きな橋の手前、小さな交差点をぐっと左に折れ、河口から遡《さかのぼ》る川沿いの道を山へ向かう。

大きな流れは、河口からほど近いというのに、まるで奥山の流れのように深々とした蒼《あお》さだ。可愛らしい駅を過ぎる。駅前に食堂と小間物屋・雑貨屋があるだけの小さな駅だ。時折広がる平坦《へいたん》な土地には田圃《たんぼ》や畑が開墾され、山との際に寄り添って家々が立ち並ぶ。自動車道はバイパスになっていて、集落を横に眺めながら、ノンストップで走ることができる。

そして、小さな喫茶店と、これも小さなガソリンスタンドのある集落の端に、目標の細長い橋があった。

車一台がぎりぎりで通る橋。眼下には幅広くゆったりと流れる日置川《ひきがわ》の清流。そして、河川敷のすぐ向こうには、幾筋かに立ち上る煙。

木炭の世界へ。

僕の地元・藤野《ふじの》の炭焼き職人・石井高明さんの仕事を通じて、僕の中には「もっと炭焼きを知りたい！」という欲求が芽生えてきた。どうせ見るなら、最高級の白炭《しろずみ》と呼ばれる「紀州備長炭《びんちょうたん》」を見てみたい。

その頃、僕はまだ本物の備長炭を見たことがなかった。たまに焼き鳥屋の店先などに「紀州備長炭使用」などという看板が掛かっているのを見ても、一滴も飲まぬ下戸にとっては一人でのれんをくぐる勇気などわくはず

玉井製炭所外観。穏やかな田園に炭の香が漂う。現在、この建物は改築された

もない。それでも、炭に関する本を読めば、どの本にも紀州備長炭こそ燃料炭の最高峰と記してある。はたして備長炭とはどんな炭なのだろうか。どんな老職人が焼いているのだろうか。

　興味は日々募っていったが、では、どこで炭焼きさんが働いているのか、といったことはさっぱりわからない。はたして紀州の山の中をうろうろしたところで、炭焼きさんに出会えるかどうかもわからない。

　そこで、試しにと思い和歌山県庁に電話をかけてみた。備長炭の撮影をしたい、という旨を告げると、即座に返答があった。

日置川町《ひきがわちょう》の玉井製炭所。

　この名前と連絡先が、まるで準備でもしてあったかのように、あっさり告げられた。

　さっそく電話を入れてみたところ、「とにかくいらっしゃい」と言う。明るく大きな声には、初めて聞くなまりがある。話はトントン拍子で進み、いよいよ紀州備長炭への旅が見えはじめた。

　一九九二年早春、撮影機材に加え、寝袋から炊事道具まで満載した車で、僕は紀州をめざす旅に出た。

最高級の調理用木炭

　さて、ここで紀州備長炭について簡単にふれておきたい。

　紀州備長炭は、字面からもわかるとおり、紀州、すなわち和歌山の木炭である。そして、備長というのは備中屋長左衛門という紀州田辺藩城下の炭問屋のことだといわれている。備中屋長左衛門は享保一五年（一七三〇年）から嘉永七年（一八五四年）にかけての一二四年間に四人おり、ここで扱われた、現在の田辺《たなべ》市秋津川《あきづがわ》付近の堅い白炭が、紀州備長炭と称されたようである。

　紀州備長炭の堅さは比類無い。鋸《のこぎり》でさえ歯が立たぬほどである。堅さに加え重量もある。それは、まさに炭素の結晶といったほどの重

現在の玉井製炭所。会社組織となり、名称も備長炭研究所に変更された

紀州備長炭の窯出し。堅くて長い木炭が乾いた快い音とともに生まれてくる

炎塊と化した紀州備長炭。神々しいばかりの輝き

三重県鳥羽に建てられた玉井さんの新しい窯で、ウバメガシを並べているところ

さを誇り、断面は銀灰色にギラリと輝いている。いったん火がつけば火持ちはよく数時間以上燃え続ける。うちわ一本で温度の上げ下げも容易で、ウナギや焼き鳥を焼くのにこれほどすばらしい燃料はないといわれている。

紀州備長炭の製炭法には二つの大きな特徴がある。一つは、専用の備長窯《がま》で焼かれていること。そしてもう一つが、ウバメガシ（姥目樫）を炭材にすることである。

備長窯やウバメガシについてはおいおいふれていくが、もう一点、この紀州備長炭が長く藩の専売制の下におかれたことも重要である。すでに江戸時代から最高級の調理用木炭として評判は高く、藩の財政の一端、現金収入を担っていたのだという。

一九九二年三月二八日。日置川町安居《あご》。

集落のはずれに架かる橋を渡ればわかる、という説明に一抹の不安を抱えながらも、僕は車を走らせた。たしかに、集落が終わり、二車線だった道がぐっとくびれるあたりに鉄骨の細長い橋があった。

青く澄んだ日置川に架かるその橋を渡ると、うっすらとした煙と独特な匂《にお》いが僕を包み込んだ。なんと日置川の堤防のすぐ下、トタンの屋根から幾筋もの煙が上がっている。まだまだ水分をたっぷり含んだ色の濃い煙だ。石井さんの窯とは全く匂いが違う。酸味が強く、それでいてまろやかな不思議な香り。これが備長炭を焼く匂いに違いない。

はたして、そこには小さな看板があり、ここそがめざす玉井製炭所だということがわかる。ここですでに僕の驚きと混乱が始まっている。

僕は、石井さんの仕事を通じて、炭焼きの窯というものは山の中にひっそりとあるもの、とばかり思い込んでいた。山中で、古老が黙々と仕事をこなす。今から思えば笑止千万だが、これが僕が勝手に作り上げてきた炭焼きの世界だったのだ。ところが、この玉井製炭所は山の近くとはいえ、大きな河川敷の

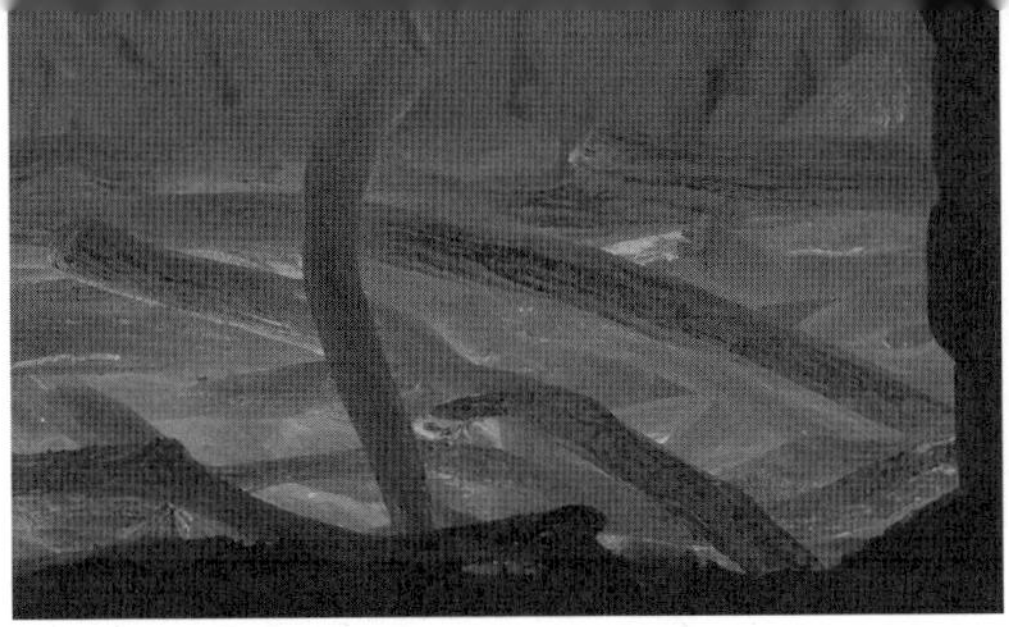

誕生。バベが紀州備長炭として姿を現してきた

すぐ横、橋のたもとの平地である。敷地の向こうには山の際の住宅まで田畑が広がる田園風景だ。これはどうしたことだ。

僕は、落ち着きを装いながら、そろそろと、未知なる窯に向かった。

そこには軽トラックが数台あり、細くくびれた炭材が山と積まれ、大型のフォークリフトが唸《うな》りを上げていた。ほこりがもうもうと舞い、大型の窯がいくつも横に並ぶ。これでは、ちょっとくたびれた工場といった風情である。

これだけでも十分びっくりなのに、僕にはもっと驚くことがあった。

それは、そこにきびきびと立ち働く人々が何人もいたこと。そして、その多くが（当時の）僕とほぼ同世代の、つまり二〇代後半ぐらいの若い人が多いということだった。

つまり孤高の老熟練職人が山の中の窯で黙々とこなす仕事というイメージは、見事に吹っ飛んでしまったのだ。

紀南弁の世界へ

半島というのは、一部は陸でつながっているものの、交通の便は決して良くない。そのせいか、比較的古き良きものが残りやすかったり、地域独自の文化が育まれる土壌がある。

紀伊半島も、古《いにしえ》での都である奈良を内包しながらも、奥深い山谷と入り組んだ海岸のおかげで地域の文化が発達し、そしてよく残った地域である。

そこには、関西弁の仲間ではあるがまた独自の穏やかさを持つ方言が発達している。方言の常で、地域の各市町村ごと、あるいは集落ごとにいろいろな言葉の違いがあるようだが、和歌山の方言をざっくりと分けると、和歌山周辺の紀北弁と、田辺市や御坊《ごぼう》市以南を中心とした紀南弁ということになる。

オイヤン——これは紀南弁で「おっちゃん」のことである。この窯の主、玉井又次さんは、ここに働く者から本当のオヤジのように慕わ

うっすらと灰をかぶった、焼き上がった紀州備長炭。どっしりとした風格を持つ炭。（左上）光沢のある断面。人智と天恵の結晶が輝く

朝の光射す玉井製炭所。音もたてずに炭化は進む

れ、この柔らかな響きの言葉で「オイヤン」と尊敬と親しみを込められて呼ばれている。背は高くない。ずんぐりむっくりとした体型だが、動きは機敏でエネルギーがあふれている。そして、初対面でありながら、じつに楽しそうに、早口でしゃべるオイヤンである。

大柄の玉井さんの奥さん、玉井玉枝さん、すなわちオバヤンにお茶を入れてもらい、ほっと一息。ここから数日間にわたる玉井製炭所での取材が始まったのである。

工場のような鉄骨製の建物の中に、窯は横一列に六基並べられている。

一つひとつの窯もじつに大きい。背の高さよりはるかに高い窯壁《ようへき》はコンクリートで固められ、城塞《じょうさい》のようだ。聞きしに勝る大きさで圧倒されてしまう。もっとも小さな窯でも一俵一五キロ詰めで三〇俵は出炭するという。大きな窯となると、土佐式を模した窯があり、これは七〇俵の窯だという。

石井さんの窯をはじめ、一般的な白炭窯の天井が石でできていたのに対し、備長窯は耐火性の高い粘土で作られている。淡い黄土色とでもいうのだろうか。なかなか美しい色合いと、緩やかな曲線が描く美しい球形のドーム状の天井である。

紀州山地の古生層には所々に耐火性の高い粘土があるのだという。この粘土の存在が紀州に備長炭を生んだ重要な背景になっている。天然自然の恵みである。

この粘土の天井には、二つの利点があるといわれている。一つは、炭化の初期に天井が濡れて温度上昇を妨げ、そのために急速炭化をせず、じわじわと炭化して締まった炭ができること。もう一つは、炭化が終わると放熱しやすく窯が冷めやすいので、能率がよいという点である。

ズラリと並ぶ大きな窯

話を玉井製炭所に戻そう。ズラリと並んだ窯には右側から一番、二番と番号がつけられ

オイヤンとの世代を越えた交流が、伝統の技の支えとなる

ている。そして、もう一基、「七番」とも「奥」とも呼ばれる、昔ながらのスタイルの窯が歩いて五分ほどの森の中に築かれている。

ズラリと並んだ窯には、窯の温度を上げるために窯口から火が焚《た》きつけられている窯もあれば、窯口がふさがれ、煙突から静かに煙を吐いているだけの窯もある。間違いなく炭焼き窯なのだが、今まで見慣れた関東の日窯《ひがま》とはスケールが違いすぎて、正直なところ気圧《けお》されたままである。

原木を運ぶフォークリフトが、敷地を右往左往する。そのたびに降り積もっている微細な灰がもうもうと舞う。

その傍らで行われている炭切りと箱詰めは、オバヤンたちの仕事である。備長炭は鋸でも切れないほど堅い。硬度20以上という世界にも類をみない堅さなのだが、炭切り用の鉈《なた》を使ってころっとたたくと、金属質の軽い余韻を残し、うまく割れるのである。その白銀の光沢をおびた割れ口がなんとも美しい。

こうしてそろえられた炭は、太丸・細丸・小丸といった規格ごとに段ボールに仕分けられてゆく。

玉井製炭所では、仕事にきりはない。

もうとっぷりと暮れようかという頃、原木を山盛り満載したボロボロの軽トラックと普通トラックが、ギシギシときしんだ音を立てながら窯場に下ってきた。山仕事に行っていた仲間たちが帰ってきたのだ。

そして全員で原木の積み降ろしが始まった。土と灰と汗にまみれながらの共同作業である。僕もその一員に加えさせてもらう。細いながらもじつに重量感のある木である。トラックと原木置き場の往復で、じわりと汗さえにじむ。

とっぷりと暮れてから一日の仕事が終わる。簡単なミーティングの後、ある者はこの窯の横にある風呂に入り、またある者は敷地にある簡単なプレハブ造りの宿舎に入る。三々五々、一人また一人窯を去ってゆく。

玉井製炭所は玉井学校でもある。毎日がオイヤンの備長炭講座なのだ

玉井製炭所ではフォークリフトが使われている。まるで備長炭工場だ

スバイをかける小沼正治さん。燃え立つ炎を静かに鎮めてゆく

炭拾いは女性の仕事。二人のオバヤンが炭を等級ごとに分けてゆく

海からそそり立つ紀州の山々。険しいながらも温暖なこの地に、ウバメガシは育つ

それにしても、この一日、僕が見た備長炭の製炭風景は、事前の想定とは全く違ったシーンばかりであった。シャッターはたくさん切っていたものの、本当のところは何をどう撮ればいいかわからない、混乱の中でのテーマのない撮影になってしまった。とにかく若い職人が懸命に働く姿には驚かされた。

いろいろな人に話を聞き、わかってきたことは、この玉井製炭所は、炭焼きさんになりたいという全国の人を受け入れ、みっちりと修業させてくれる、いわば炭焼き学校だ、ということである。

このとき、玉井製炭所で働いていたのは以下の人々であった。オイヤンこと玉井又次氏。オバヤンこと玉井玉枝さん。後述する大野三兄弟の母親である大野シナヱさん、そして、光明（みっちゃん）、春雄（はるさん）、安治（やっちゃん）の大野三兄弟。ここまでが、玉井製炭所で元から働いているスタッフ。そして、北条さん・山本さん・福田さん・小沼さん・長沢さんといった、将来は独立した炭焼きさんをめざす人々である。

「バメ」の木拵え作業

僕がびっくりしたものの一つが、備長炭の炭材である。備長炭とはウバメガシを炭材にした白炭、という事前の知識だけでここまで来たのだが、実際にはウバメガシという木についてほとんど知らなかったのだ。ところが、一度手にしてみて驚かされるのがその重さである。

ウバメガシ(姥目樫)。クヌギやコナラといった炭材としてもなじみ深い落葉のカシと同じブナ科コナラ属の木である。しかし、その分布は温暖な海岸沿いなどに多く、しかもコナラ、クヌギが落葉であるのに対し、この木は常緑なのである。高さも高木というほどではなく、その幹も決して太くはない。しかし、海岸沿いの強い風にさらされているせいであろうか、素直にまっすぐ生長する木など一本

ウバメガシの木拵（ごしらえ）え。くさびを入れ、一本一本のしてまっすぐにしてから窯に入れる

もなく、皆ぐねぐねとねじれたりよじれたりしていて、ずしーんと重い。実際、比重（気乾）が一・〇一と、なんと水に沈むほどの重さの木なのである。

この癖の多い木を炭にするということ自体、並大抵の発想ではない。いかなる炭焼きさんがこの木を炭に焼きはじめたのであろうか。おそらく、あらゆる木を木炭に焼いてきた中で、このウバメガシだけに特別の価値を認めた先人の卓越した目に、感服しないわけにはいかないのである。

そして、紀州備長炭には、炭窯に詰める前に、木拵《きごしら》えという作業が欠かせないのである。それは、一本一本のウバメガシをできるだけまっすぐに修正してやる作業で、そのことにより、より多くの炭材を窯に詰めることができるようになるのである。曲がった部分の内側にチェーンソーで溝を作り、曲がりを伸ばすように木ぎれを入れて伸ばしてゆく。一本一本の原木すべてにこうした手を入れて、はじめて紀州備長炭が生まれてくるのである。

この、最高級の木炭の唯一の原木ウバメガシのことを、紀州の炭焼きさんは愛着を込めてバメ、あるいはバベと呼んでいる。

さて多くの若者を抱える玉井製炭所を語るには、まず、やはり玉井又次さんについてよく知らなければならない。

玉井さんは窯場でも山仕事でも的確にダイナミックに仕事をこなす人だが、その半生も聞けばきくほどダイナミックな人なのである。全身から立ち上るほどの精気と、全く逆の未来を見据えた落ち着きを併せ持つ、炭焼き界の快男児なのである。

オイヤンの生まれは、一九二六年の夏。紀州南部川村清川《みなべがわむらきよかわ》。備長炭発祥の地とほど近く、現在でも炭焼きさんの多い土地で、備長炭振興館というちょっとした展示場もある場所である。

オイヤンの家の生業は峠の茶屋であったという。現在、龍神《りゅうじん》スカイラインという自動

ウバメガシの林。温暖な地に生える堅くて重いカシ。よじれ、ねじれながらじっくりと育つ。（右上）山仕事では大野三兄弟が力を発揮する

静かに燃える窯の中で、どんどん炭化が進行する。炭焼きの不思議である

車道があるが、その途中にある峠、虎《とら》ヶ峰《みね》に暮らしていたという。しかし、その茶屋の記憶はオイヤンのごくごく幼少期のおぼろげな記憶である。

　茶屋のオヤジとはいえ、茶屋仕事の合間に炭を焼くこともあったようだし、木製のエブリしか持てない貧しい炭焼きに金属製のエブリを貸す仕事も、していたらしい。

　じつは、オイヤンの両親はオイヤンが物心つくかつかぬかのうちに亡くなられている。最初に父親が。あとを追うように母親も亡くなっている。五人兄弟の末っ子であり次男であったオイヤン、尋常小学校一年の頃である。

　ここからオイヤンの人生劇場が幕を開ける。語れば本の一冊ぐらい十分書けるほどの波乱万丈の人生である。ここでは本当に簡単にその人生の軌跡をたどりたい。

　親との死別後、オイヤンは九州宮崎の親戚《しんせき》に預けられる。しかし、捨てられ孤児院へ。

　その後、和歌山出身の炭問屋のところで奉公を重ねるなど、人並ならぬ苦労をして、一九三八年に再び出身地の南部川村清川に戻る。炭焼きの弟子となったのだ。当時の炭焼きといえば山の中に小屋を建てて炭を焼く生活である。親方と二人で山に入り、朝から晩まで働かされ、本当に食うや食わずの生活であったという。

　この炭焼きの弟子としての生活も長くは続いていない。一九四〇年、炭焼き生活のあまりのきつさに、親方の目をぬすんで大阪をめざしたのだ。駅をめざす山越えの道を間違え、いちばん近くの駅ではなく、もう一つ先の駅から列車に乗ったという。親方はオイヤンの脱走に気づき、いちばん近くの駅付近まで探しに来たということが後々わかったが、道を間違えたおかげで、オイヤンは無事大阪への列車に乗ることができたのである。

　その後、紆余《うよ》曲折を経て、オイヤンは海軍に徴用されることとなる。そして南方へ行くこととなった。

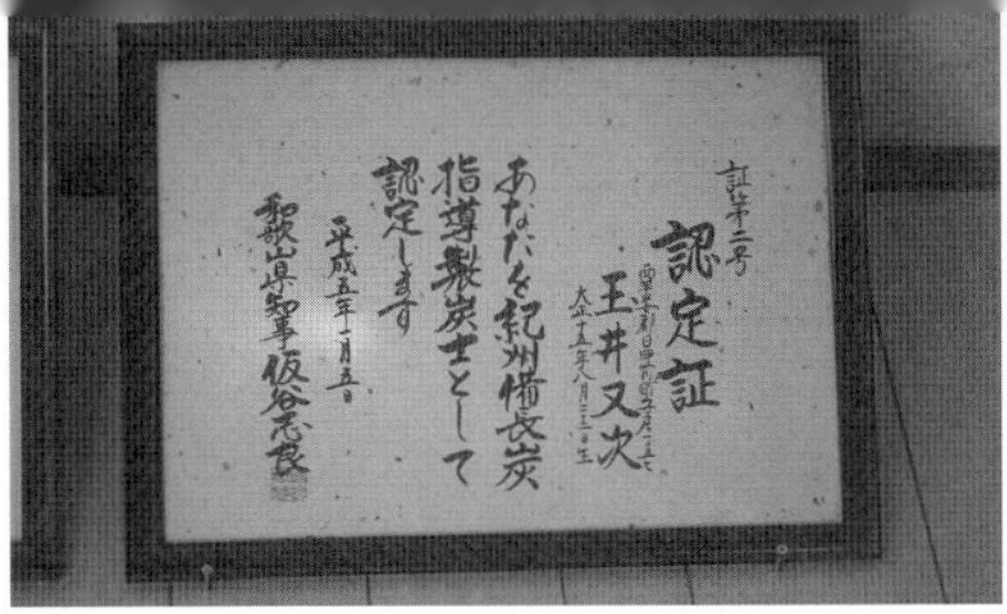

オイヤンは数少ない指導製炭士の一人。紀州備長炭は和歌山県の特産品である

戦地で炭を焼く

その当時、頑健な肉体のオイヤンにとって軍隊は快適な場所であったらしい。麦飯とはいえ、食べるに困ることはなく、上官からいかなる仕置きを受けても炭焼きの重労働を思えば、たいしたことではなかったのである。今でも、「若い頃はずいぶん官費旅行をさせてもらった」などと笑いながら語るオイヤンである。

オイヤンが太平洋戦争中いた場所は、日本軍でもっとも戦況不利だった南方での戦いである。ソロモン海戦では艦が沈められてもなんとか生き残り、その後レイテ島への逆上陸を敢行。補給路が断たれても、ゲリラのようにジャングルに潜伏し、終戦後一年たってから強制的に捕虜となることでようやっと、終戦を知ったオイヤンである。神国日本が鬼畜米英に負けることはありえないという教育を、骨の髄までしっかりたたき込まれた世代である。

このレイテ島時代、あの軍隊より厳しかった炭焼きの経験がムダではなかった、と思い知らされることとなった。これが、帰国後の炭焼き人生を決定づけたことかもしれない。

オイヤンと同行し、ジャングルの中で生きのびたのは最終的に四人。ジャングルに暮らした多くの兵士は、敵からの爆撃や攻撃をおそれ、食事の際にも煙が出ないように、カエルでもネズミでも生で食していたという。その食事のために、病に倒れ伏す兵士も少なくなかったのだ。しかし、オイヤンはジャングルの中で伏せ焼きで炭を焼き、イノシシやネズミ、ナメクジにいたるまですべて火を通して食べていたのだという。

たしかに炭焼きをするときにはしばらくは煙が出る。そのため、しばらくはその場を離れる。やがて焼き上がった炭を掘り起こし、調理に利用したというのである。また、小屋の建て方や動物を獲る罠《わな》にも炭焼き時代の生

原木搬出のために架線を張る。原木を運ぶことは大事な仕事だ

ひと時の憩い。炭焼きは重労働なので体を休ませるのも大事なことだ

ババにくさびを入れまっすぐにすることを、紀州の炭焼きさんは、のすと言う

紀州備長炭は段ボールで出荷される。この段ボールの利用も玉井さんが先駆者である

活の知恵が生かされていたという。炭焼きの山暮らしの知恵がオイヤンの生命を支えたのである。

「オイヤン」の全国行脚

帰国後のオイヤンがまず探したのは、米を食べさせてくれるところであった。そして探した職業は、奈良の北山《きたやま》でのガス炭《たん》づくりであった。進駐軍の関係で当時の代用燃料としてもっともポピュラーであった木炭自動車用のガス炭をグループで焼いたのだった。進駐軍がらみということで食料はもとより儲《もう》けもそれなりにあったようだ。

このガス炭づくりの技術は、時代のニーズにマッチして、その後、新天地を求めて日置川に転居したオイヤンにとって、大事な財産となり稼ぎとなった。

この頃からオイヤンの頭の中にこびりついていたのは、炭焼きの生活というのはどこでも貧乏なものなのだろうか、というものであった。

この、まだ戦後そのものの一九四九～五〇年の頃、オイヤンはなんとダットサンの中古を買い、全国の製炭地をまわる旅に出たのだという。まだ、自動車などというものは本当に珍しい時代であり、いったいどういうつてで車が買えたのかさえ不思議なのだが、とにかくオイヤンはその車で日本を巡ったのである。

途中、炭焼きをしているという話だけを頼りに大金をかけて対島《つしま》まで行ってみたり、熊本では旅銀がなくなり、炭焼きをして稼ぐなどしながら、北は青森に至るまで、米と飯盒《はんごう》を積んだダットサンでまわったという。

そして、オイヤンが得た旅の結論は、まだ全国のどこよりも和歌山の炭焼きのほうが生活水準がエエなあということであった。

この旅を境に、オイヤンは再び備長を焼きはじめる。

「本当に寝なんと仕事したよ。それが面白か

オイヤンの自宅の駐車場で、出荷を待つ紀州備長炭

ったんや」

バリバリと働くオイヤンが結婚したのは一九五八年になってからのこと。結婚してますます炭焼きに励んだことはいうまでもない。

そして、たんに炭を焼くだけではなく、梱包《こんぽう》に段ボール箱を使いはじめたり、耐火煉瓦《れんが》で窯を作ったりと、現在ではすっかり一般化した新しいアイデアをどんどんと具体化し、炭焼きの効率化をはかっていったのである。

定住・月給制を模索

では、玉井製炭所が、一か所にいくつもの窯を並べ、多くの人が働く場になったのはどういうきっかけからだったのだろうか。

そこにはオイヤンの夢と、ある出来事が背景にある。

オイヤンの夢。これは最近聞いた話なのだが、オイヤンは一三歳の頃から、月給制で炭焼きはできないだろうか、という夢を抱いてきたのだという。オイヤン一三歳といえば南部川村清川で親方について修業をしていた時代である。自らの修業時代に将来の壮大な夢が萌芽《ほうが》していたのである。

そしてある出来事とは、オイヤンのところに炭焼き一家がやってきたことである。

一九八三年頃、和歌山県の木炭協会で問題になったことがあった。それは、家を持たない炭焼きさんをなんとか定住できるようにしようということだった。

たしかに、かつての炭焼きといえば、山中の掘っ建て小屋での仮住まい。ひと山焼ききれば次の窯のところに移りゆく、という山暮らしが生活の常であったのだ。しかし、自動車の発達とともにしだいに原木を車で運ぶようになり、窯は里近くに下り、炭焼きさんも定住生活をするようになっていたのである。当時、和歌山で家を持たない炭焼きさんは、日高《ひだか》郡で二家族、東牟婁《ひがしむろ》郡で一家族、そして、日置川町を含む西牟婁《にしむろ》郡で一家族だったという。

そしてオイヤンは、その一家族、西牟婁の

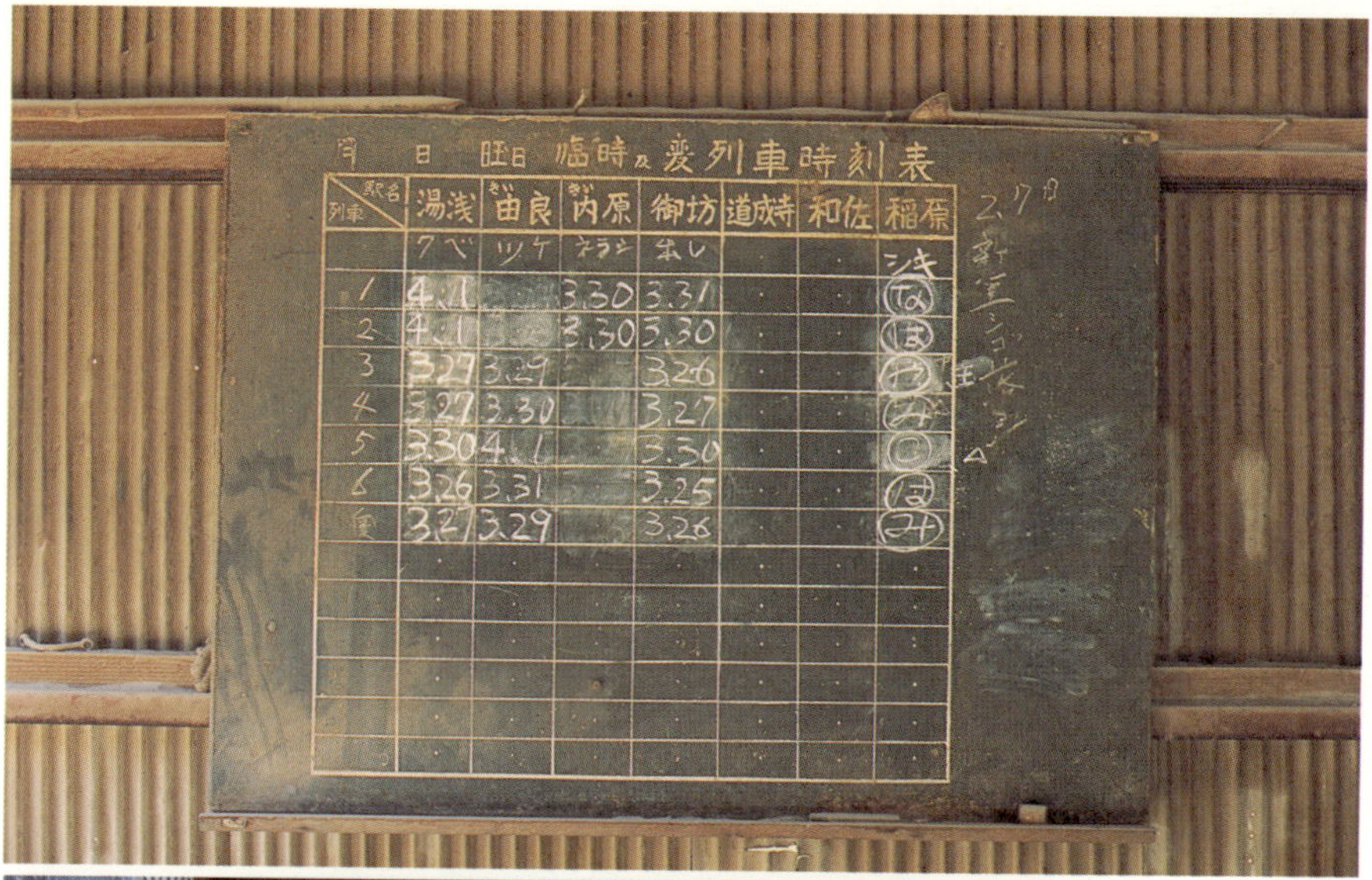

それぞれの窯の進行と担当者がわかる表。よく見れば元は列車の時刻表である

二〇〇〇年夏、日置川町の玉井製炭所あらため備長炭研究所に働くスタッフ一同

焼き上がった紀州備長炭。スバイをかぶりうっすらと白い表情である

窯の周囲はうっすらと灰をかぶっている。用意された炭材も、梱包された木炭にも

串川《くしかわ》にて炭を焼く大野さん一家を引き受けたのだ。こうして、一か所に窯をいくつも並べ大人数で炭を焼く現在のスタイルの基盤ができたのである。

ちなみに、僕が窯を訪れたとき、大野さんのご主人は早くに亡くなられ、大野さんのオバヤンと息子さんのうち三人が玉井製炭所で炭焼きに励んでいたのである。三兄弟、みっちゃん・はるさん・やっちゃんは子供の頃から山で鍛えられ、背こそ高くないものの、まさに山の炭焼きといった体軀《たいく》。そして、炭焼きのイロハをも知らぬ、外部からの研修生にとって、まずは頼りになる兄貴分になっているのである。

こうして窯を平地に並べて築いた炭焼きは当時珍しく、多くの人が見学に来た。そのたびに、窯の名前を聞かれるので仕方なく「集合窯」と答えていたのだが、今ではこの集合窯が一般的に使われるようになってしまったと、オイヤンは語る。

その集合窯に、初めて炭焼きになりたいと現れたのが、現在三重県尾鷲《おわせ》で炭焼きを営む津村寿晴さんであった。

津村さんは、尾鷲で新聞社の仕事をするサラリーマンであった。情報が集まる会社の中でいろいろなものを見聞きし、津村さんは地場の第一次産業の活性化を自ら行う決心を固めたのだ。そこで、特要林産物備長炭の存在が浮かび上がった。

津村さんが最初に相談を持ちかけたのは田辺市の農林課。そこで田辺市秋津川の木下さんという炭焼きさんを紹介されることとなる。ところが、実際に木下さんのところにうかがったら、

「これから炭を焼くなら、日置川の玉井又次さんに師事するのがよい」

という言葉が返ってきた。結局、津村さんは一九八九年の一月から四月までの三か月間の間、玉井さんのところでみっちりと鍛えられ、炭焼き職人として独立したのである。

窯出しの時間は、炭の焼け具合で決まる。深夜からの作業もよくあることだ

ちなみに三か月間というのはどうみても短すぎる期間だが、すでに結婚し妻子がある身にとって、無給でやりこなせる限界が三か月間だった、と津村さんは振り返る。

このことを契機に、玉井さんの窯には炭焼き職人をめざす若者が集うようになってきた。

圧巻は窯出し作業

僕の初めての玉井製炭所への旅は一週間近くにも及んだ。風邪気味でふらふらしていた僕に、窯場のすぐ横にある研修生用の一部屋を貸していただいたばかりか、簡単な食事まで出してくれたことには本当に感激であった。

一週間の間で、紀州備長炭の炭焼きについての一とおりの工程を眺めることができた。それというのも、玉井製炭所にはいくつもの窯が並んでいるからである。本来、紀州備長炭の炭焼きでは、一サイクルが二週間から三週間近くで、とてもではないが一週間でくべ・つけ・ねらし・出しといった工程を追うことができないのである。

一週間を振り返り記憶に深いことを列記してみよう。

まず、原木の調達。玉井製炭所では半分の原木はチップ材の伐採業者から買っていたが、残りの半分は自分たちで山から出していた。

ちょうど新しい山に搬出用の架線（ワイヤー）を取り付けるのにも同行させていただいたのだ。うねうねと山を登る林道を終点まで行き、さらに谷を越えて歩いて行く現場では、大野三兄弟の軽々とした身のこなしに、やはり山育ちにはかなわないと感服した。ワイヤーを張ると必ず木に引っかかる。そのたびにみっちゃんが木に駆け登り処理していくのだ。

帰りの軽トラには原木を満載した。軽トラックもここまで使われれば本望だろう。その

かたげ馬を担ぐ広畑武夫さん。かたげ馬は木を運ぶ道具。紀州ならではの運搬方法だ

（左）畑谷蔵三さんの窯。畑谷さんのお父さんと息子さん。子供のいる窯は明るく楽しい

先年炭焼きを引退した広畑武夫さんの窯

姿でデコンボコンの林道を下りてゆくのだ。

そして、滞在中の出来事の中でも圧巻だったのは、やはり窯出し作業であった。

藤野の石井さんの窯からは想像もつかない、徹夜に近い出し作業。窯の中にキラキラ輝く備長炭。玉の汗を拭きながら、じっくりと腰を据えて長いエブリで炭を出す若き職人。

丁寧にエブリを操作し、窯から鉄製の大きなざるのような容器に炭を出す。それをフォークリフトで窯脇《わき》に運び、スバイ（素灰）をかけて冷却する。天井に吊《つ》るされた大きな水銀灯がともる中、延々と夜明けまで続く作業である。一とおりの窯出し仕事を終えれば、体は十からびたようで、疲労感に覆い尽くされる。全く紀州備長炭はスケールが大きい。

そして、驚きはまだ続く。

それから数時間後、窯出しを終えたばかりの窯の周りには製炭所の面々が集まってくる。そして、木拵えを終え準備してあったウバメガシをしっかり抱えて窯の中に詰めはじ

日置川町に窯を持つ畑谷歳三さん。中堅の炭焼きさんである

めるのである。名人上手なら藤野町の石井さんのように窯口から木を撥《は》ねて入れるらしいのだが、紀州ではこのように原木を抱えて窯の中に入る方法も一般的に行われているらしいのだ。

これは放熱性のいい粘土の天井の備長窯ならではの技であり、石の天井を持つ窯では考えられないことである。とはいえ、やはり原木を抱えて窯の中に入れれば、まるでサウナのように蒸し暑く、たちどころに玉の汗が噴き出してくる。半袖《はんそで》の服では露出した肌がじわじわ焼けてくるので、長袖を着なければならないほど暑い作業なのだ。皆ほっかむりをして、黙々と原木を抱えて入っていく。

僕はカメラを持って入ったのだが、ほんの数カットを撮るうちにレンズのいちばん内側まで曇りがまわってしまった。外に出して冷ましても中の曇りがとれるまでずいぶん時間がかかった。また、はずれて落ちたプラスチック製のレンズフードの先は、熱でとろとろに溶けてしまった。それほどの灼熱《しゃくねつ》の中に、どんどん炭材を詰め込むのだ。

こうして、必要以上に、窯を冷まさせることなく、延々と炭焼き作業が続いてゆくのである。備長炭職人は体力なしではやれないのだ。

それでも、玉井製炭所では朝の六時からの仕事が待っている。写真を撮りに行った僕でさえこの六時起きには間に合わぬほど疲労のたまる毎日であった。

その中で、研修生との交流も深くなった。次に紹介する長沢泉さんとは、この時以来今にいたるまでの長いつきあいになっている。

また、同じく日置川町で窯を持つ老炭焼き職人の広畑武夫さんや比較的若い畑谷歳三さんの窯にもお邪魔させていただき、いろいろな話を聞くこともできた。老婦人と二人でこつこつと炭を焼く広畑さんには、話のついでに昔から備長炭の炭焼きさんが木を運ぶときに使ってきた〝かたげ馬〟の実演までしていただいた。

数多くの青春がここに大粒の汗を流してきた。備長炭の学校、玉井製炭所

老いてなお意気盛ん

木炭とは人智と天恵の結晶である。

日置川の玉井製炭所をあとにした僕にはこの思いがふつふつとわき上がってきた。

この、初の玉井製炭所への旅以来、ほぼ一年に一度程度、僕の日置川通いが始まっている。オイヤンはいつ行っても快活そのもので、若い人を叱咤《しった》激励している。

ここで研修していた若い人の中には望みどおり炭焼きになれた人もいるが、挫折して他の職に就いた人のほうがはるかに多い。しかし、ここでの研修は決してムダになることはなかろうと僕は思うのである。

数年前から玉井製炭所は「備長炭研究所」と名を変えている。有限会社である。オイヤンの夢である月収で炭を焼く時代を自ら先取りしたのである。

現在、細かった安居の橋は架け替えとなり、橋のたもとにあった窯場も少し場所が変わり、窯数を減らしている。その一方、オイヤンは原木の豊富な三重県の鳥羽《とば》にも、もう一つの窯場を作るにいたっている。

今では、大野三兄弟のうち、はるさんとやっちゃんが三重に行き、日置川にはみっちゃんとオバヤンが残っている。そして、大阪でうどん屋に勤めていたという大野家の長男の幸雄さんも戻り、炭焼きに精を出すようになった。戻ってきたのは大野家だけではない。玉井さんの長男、オイヤンと違ってすらっと背の高い満さんも、今では立派な炭焼きさんとして活躍している。

さすがのオイヤンもかなりの年だが、もちろんまだまだ現役である。

儲けなくてもいいから今の体制を維持してゆく。これが有限会社備長炭研究所を率いるオイヤンの決心である。一九九三年には県の「指導製炭士」という称号をもらい、東奔西走なお意気盛んなオイヤンなのである。

3

青年炭焼き師、生々流転の独立記

三重県南島町　長沢　泉さん

ツバキの白炭。伊豆の利島に築かれた備長窯で長沢さんが焼いたもの

長沢泉・みどり夫妻。職業は炭焼き。伊豆の利島で結ばれた二人

大島（右上）をバックに建つ、利島に古くからあった黒炭窯。土砂崩れでこの窯はなくなった

偶然から炭焼きに

一九九八年一一月一七日、東京都伊豆七島の利島《としま》村。

「今日で四日目、なんですよ」

錆《さび》の浮いた軽トラの助手席に滑り込んだ僕に向かって、再会したばかりの長沢泉さんが唐突に言う。

何が四日目なのだろう。睡眠不足と軽い船酔いの混濁した頭で、長沢さんの炭焼き窯《がま》を、そして炭を焼く工程を思い浮かべる。しかし、さっぱりわからない。少々困惑する僕をよそに、軽トラックは桟橋からの急坂を勢いつけて登りはじめる。

仕方がないので彼の横顔をうかがうと、妙にニヤニヤとしている。そのニヤニヤで、四日の輪郭が浮き彫りとなる。

「彼女ができたんですよ」

そうだ。三〇代半ばの独身男が二人顔をつきあわせたら、まずは女の話と相場は決まっているじゃないか。

長沢泉さんと初めて会ったのは、前章で取り上げた玉井製炭所への初めての旅、すなわち一九九二年三月のことであった。窯場で働く長沢さんは、自ら率先して仕事をバリバリこなすという風でもなく、何となくのんびりとした印象であった。

長沢泉さんが玉井製炭所に働くようになったのは、全くの偶然であった。そして、長沢さん自身、なぜ自分がここで働いているのか、よく理解していないような不思議な雰囲気を漂わせていた。それでも、僕が暮らす町からそれほど遠くない東京都瑞穂町《みずほまち》の出身ということで、共通の話題もあり、いろいろなことを語り合うようになったのだ。

長沢さんが卒業したのは、音響、いわゆるＰＡの専門学校であった。しかし、思うような就職先が見つからず、コンピューター業界の末端に就職する。以降いくつかの会社に転職をするが、ここで知り合った小沼正治さん

利島には備長窯に加え黒炭の窯が築かれた。築窯には岩手県山形村からの援軍が来た

との出会いが、彼の炭焼き人生のスタートになったとは、神様だって知る由もない。

　長沢さんと小沼さんは意気投合。社内でバンドを結成していた。小沼さんはベースを、そして長沢さんはギター兼ボーカルを担当していたという。よくカバーしていたのは浜田《はまだ》省吾《しょうご》である。

　さて、人材派遣会社の登録社員となった長沢さんが最後に派遣されていたのは福島県のいわき市であった。彼は、鳥の唐揚げの自動販売機をソフトとハード共にまかされ、開発。ボタンを押すと冷凍された鳥が一定温度の油で揚げられて出てくるという、斬新《ざんしん》な仕掛けの自動販売機だった。しかし、いよいよこの自販機を販売というときに、派遣先の会社が倒産してしまう。そして、社長が自殺するという事態に巻き込まれてしまった。

　思いがけないトラブルに、実家に帰ることとなったが、家族との折り合いもいまひとつ。派遣会社もやめ、当て所《ど》ない旅に出たのは二年半前のことであった。

　家出同然の旅の始まりは、軽自動車に家財道具一式を積み、日本海沿いにひたすら北をめざすというものであった。ユースホステルを利用してまずは青森まで行き、次に太平洋沿いを南下した。

　そして、やがてたどり着いた紀伊半島で、一人の友人のことを思い出したことが、炭焼き職人になるきっかけであった。

　その友人こそ、前述の小沼さんだというから、世の縁とは奇なるものである。

　小沼さんが和歌山県日置川町《ひきがわちょう》の玉井製炭所で働きはじめたのは長沢さんが来る二週間ほど前のこと。長沢さんの会社の同僚であり、そのうえ、バンド仲間でもあった彼は、自ら進んで玉井製炭所の門をたたいた一人であった。

　その小沼さんのもとに転がりこんだのが長沢さんであった。炭焼きのすの字も知らず、陶芸と勘違いしていたという長沢さんであ

玉井製炭所時代の長沢さん。山仕事など全く無縁だった若者が、備長炭の炭材を切る

師匠・玉井又次さん（左）とのツーショット。長沢さんにとって玉井さんは人生の師でもある

玉井製炭所で窯出しをする長沢さん。森の中にある七番の窯は、長沢さんが一人で任されていた

玉井製炭所時代の後期には、焼いた炭には自らの名を書き、責任を持って出荷した

る。ところが、小沼さんの仕事につきあい、深夜、窯の奥でキラキラと輝きを増す備長炭を見たとたんに、心を奪われてしまったのだ。

長沢さんは実家に連絡を入れることもせず、ここでの炭焼き修業に入っていった。実家ではあまりに連絡もないので、捜索願いを出すことを真剣に考えていたという。それほど時間がたってからようやっと実家に連絡を入れた長沢さんである。

過酷な労働

それから、修業の日々が続いた。労働は過酷で、自ら望んだ小沼さんでさえ、夏を越すことができなかったのだ。僕はなぜ小沼さんが玉井製炭所を離れたのか気になっていたのだが、最近になって、玉井製炭所のオイヤンからその理由を聞かされた。

体力不足の中、賢明に炭を焼く小沼さんに、オイヤンのほうから、炭焼きは無理だという声をかけたというのだ。このまま無理に炭焼きをしていても体がこわれてしまうと心配したオイヤンは、心を鬼にして小沼さんに諭したのである。説得された小沼さんは涙をぽろぽろ流していたそうである。

小沼さんの名誉のために申し添えれば、そこまで続けたこと自体が本当にすごいことなのである。多くの人が志半ばで炭焼きの道から去っていく、というのが現実なのである。

本当のところ、僕は長沢さんのほうが長く続かないのではないか、と思っていたのである。ところが、結局、玉井製炭所に修業に来た誰よりもはるかに長く玉井製炭所にいたのだから、人生とはわからないものである。玉井製炭所にいた頃も、オイヤンに「本当にやる気があるのか」とずいぶん聞かれたらしいのだ。

利島。リシマではなくトシマと読む。伊豆七島の一つで大島のすぐ南にある。人口およそ三〇〇〇人。周囲八キロにも満たない島である。中央にそびえる宮塚山《みやつかやま》を中心に、端正

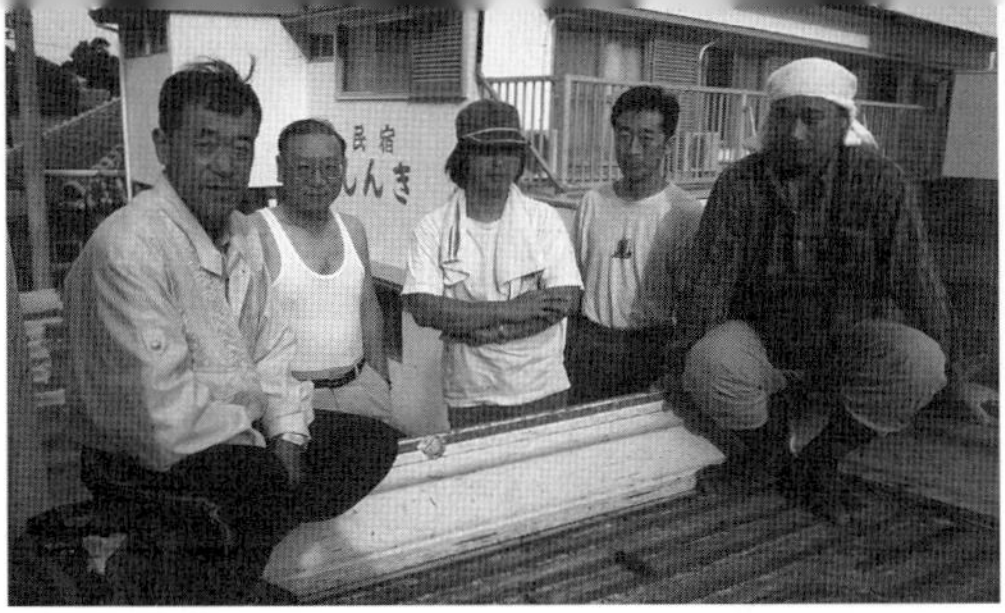

左から韮沢・大畑・長沢・小平沢・長内さん。長沢さんを除く四人は山形村から利島に黒炭窯を築きに来たのだ

な円錐形の姿が美しい。

　この島は、ツバキの島である。全島を覆う段々畑に植えられたツバキは、二五〇年も前から栽培されたもの。九五年には全国の椿《つばき》油生産量の六割が利島産であった。

　そのツバキの古木で備長炭を焼き、村おこしをしようという話が浮上した。そのアイデアが持ち込まれた先が、玉井製炭所。そこで、東京都出身の長沢さんに白羽の矢が立ったのである。東京都とはいえ、離島である。いろいろ悩んだあげく、長沢さんは利島での独立を決心したのだった。

　ところが、行政主体のプロジェクトは予算の問題などもあり、なかなか進展しないものである。そのために、なんと二年半もの間、長沢さんは玉井製炭所で炭を焼き続けることになってしまったのだ。

岩手県で黒炭焼きの修業

　もっとも、この二年の間は決してムダな期間ばかりでもなかった。その間に彼はもう一人の炭焼きの師に出会うこととなったのだ。

　利島ではもともと黒炭《くろずみ》が焼かれていた伝統があった。そこで、長沢さんにも黒炭を焼く研修の要請がやってきたのだ。

　長沢さんの黒炭の修業先は、岩手県山形村《やまがたむら》。岩手県は木炭生産量日本一を誇る県で、岩手窯という大きな大きな黒炭窯のある地域である。なかでも、山形村は日本一の炭焼きの里構想を掲げ、行政が炭焼きをバックアップしている地域なのである。この村の「谷地《やち》林業」と「バッタリー村」が主な修業先であった。

　一九九四年の八月二五日から一〇月六日まで、彼は山形村の人となったのである。

　谷地林業は大きな林業会社で、大型の岩手窯をいくつも並べる企業なのである。しかし、ここでの仕事の内容を覚えるまではそれほど時間がかからなかったようである。また、黒炭製炭のノウハウを覚えるには不向きだったようである。

利島に築いた備長窯で炭を焼く長沢さん。炭材はツバキである

利島特産として出荷が始まったツバキの炭。これは黒炭の袋詰め

岩手県山形村のバッタリー村にて。長沢さんはここで黒炭研修を行った

一方、バッタリー村は山村文化の継承、手作りのすばらしさを謳《うた》う施設で、木藤古《きとうこ》徳一郎さんを中心に、地域一帯スクラムを組んで活動を行っているアットホームな場所なのである。

長沢さんが直接に教えを受けたのは、徳一郎さんの父親で徳太郎さん。長沢さんが教えを受けたときにすでに八七歳というのだが、山形村でも評判の炭焼きさんだった。

このバッタリー村での研修中、見学に来た地元の小学生のために、長沢さんが講義をしている。木藤古さんに頼まれたのである。

内容は炭焼きのすばらしさや自然のすばらしさを、都会の人の視線で語るというものであった。講義後、さまざまな質問があったそうだが、「炭焼きの給料はいくらか」という質問には困ったようだ。適当にごまかしたが後味が悪かったそうである。

また、バッタリー村には白炭《しろずみ》の窯もあり、木藤古さんに白炭の技術を教えたこともあったという。

山形村での滞在は二か月にも満たないほどの短いものであったが、黒炭の焼き方を学ぶことと、それ以上に木藤古さん親子の木訥《ぼくとつ》な親切さを肌で感じた長沢さんであった。

シマアジ・イサキ・アジ・アオムロアジ……利島に来てから覚えた桟橋での釣りも、今では生活に欠かせない。

「桟橋は、島の人の冷蔵庫なんですよ」

と涼やかに笑う。釣りだけではなく今では百姓仕事もこなす長沢さんなのである。

島に渡って三年。今では備長式の窯から黒炭窯、そして居小屋《いごや》まですっかりそろった立派な窯場である。懸案のツバキ炭《すみ》の販路も開拓し、意気揚々の毎日。そこに新しく大輪の花が咲いたのだ。

なんと、四日前から正式につきあいだしたというすてきな女性、みどりさんが彼の横にいる。彼女は島の農協の職員で、Iターン就職で、同じ東京でも二三区の中からこの島に

利島にて。右が備長窯（白炭）、左が黒炭窯。二基並んだ立派な窯だった

渡ってきたのだった。

　彼と僕は、久々の再会に、アルコールのピッチも上がり、島や炭、そして彼女とのなれそめにまで話ははずむ。

「炭が焼ける間は、この島にいる」

　力強く言い切った長沢さん。その姿は、いつの間にか本物の炭焼き職人になっていたのだ。

再び紀伊半島へ

　さて、話はここで終わらない。

　ここまでの話は、雑誌「アウトドア」一九九九年の二月号に寄せた「ツバキの島に炭焼がやってきた」という記事を改編したものである。その後、二〇〇〇年の現在にいたるまで、長沢さんの炭焼き人生は常にローリング状態なのだ。

　無事みどりさんと結婚した長沢さんであるが、その頃から急激に島での炭焼きが難しくなってきたのである。

　長沢さんは村からの依頼で島にやってきたのだが、村の方針が変わり、炭焼きに補助金が出なくなったのである。代わりに椿油を絞ってくれ、と請われた長沢さんだが、そこは炭焼き職人のプライドが許すものではない。島でもかけがえのない多くの友人知己を、そして人生の伴侶《はんりょ》を見つけた長沢さんであるが、もう一度サイコロの振り直しとなってしまったのだ。

　もう一度本当の備長炭を。長沢さんにはやはりバベの焼ける匂《にお》いが恋しかったのである。

　そして、長沢さんが探し当てたのは三重県の南島町《なんとうちょう》であった。

　伊勢の南、美しいリアス式海岸の町である。南島町と聞いた僕は、その美しい海岸と一人の炭焼きさんを思い返していた。この町には、初めて玉井製炭所を訪ねたときに知り合った山本さんが独立して持った窯があったのだ。

　僕は、山本さんの窯を撮影させてもらうた

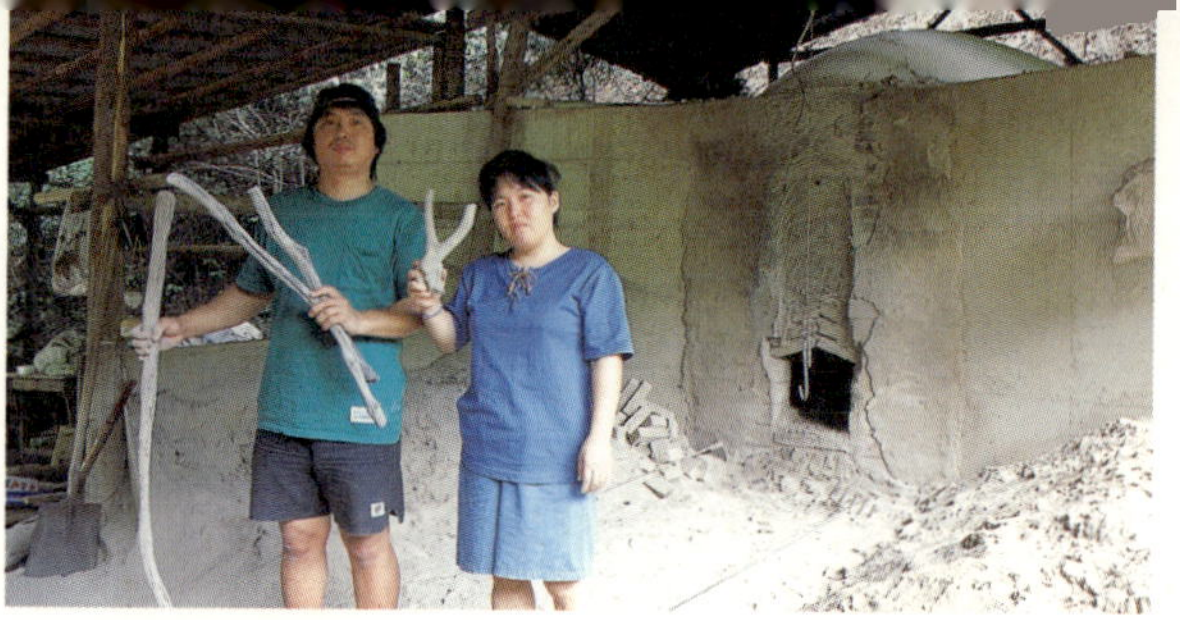

三重県南島町の窯。先輩が使っていたという立派なもの。ここが長沢夫妻の新天地

め、山本さんが実家の親を呼んで暮らした海沿いの小さな古い家に泊めさせてもらったりしたのだ。

その後、山本さんは窯をめぐる金銭トラブルでこの地を離れ、今では串本《くしもと》の森林組合で働いているという風の便りを聞く。

どんなにやる気があっても、炭焼きを続ける、職人に徹するというハードルはじつに高いのである。

とにかく、その南島町に新天地を求め長沢泉・みどり夫妻は二〇〇〇年の春、島を出たのである。

南島町ではかつてオイヤンの弟子だったという人が築いた谷間の窯が今度の仕事場になった。山での原木の切り出しから、梱包《こんぽう》出荷まで、これからは夫婦二人の共同作業である。長沢さんは古いイラストレーターの友人に『金の猫』というシンボールマークを作ってもらい、このブランドで炭を出荷してゆく決意を固めている。

二〇〇〇年八月一二日、三重県南島町。長沢さんの借りたばかりの南島町の借家で、豪勢な炭火のバーベキューを囲み、長沢さん、みどりさん、そして僕の三人は遅くまで語り合った。

「三窯目でやっと売り物になる炭が焼けましたよ」

窯出し二日後の長沢さんが少し安堵《あんど》した声で語る。傍らでみどりさんが満足そうにうなずく。

長沢泉さんの炭焼き人生は、また新しいスタートラインに着いたところである。どこにあるのかわからないゴールに向かって、彼はまだまだ転がり続けるだろう。そして、僕もこの職人の仕事を追いかけようと、眠気で半分朦朧《もうろう》とした頭で誓ったのである。

4

日本一の製炭量を誇る里へ

岩手県山形村　木藤古徳一郎さん

干したイモを手に取る木藤古徳一郎さん。岩手県山形村のバッタリー村の代表である

雪の山に炭材となる木を運ぶ於本徳雄さん。岩手県軽米町にて

日本一の木炭生産県

一九九五年二月一五日。車の窓を流れる景色もすっかり薄暗がりの闇《やみ》に包まれてしまった。寒々とした冬景色も柔らかな闇にくるまれ、ヘッドライトだけが凍《い》てついた路面を浮かび上がらせている。異例なほど雪が少ない年とはいえ、ハンドルを握る僕は、いつも以上に緊張を強いられている。

岩手は日本一の木炭生産県である。

畠山剛氏の著作『岩手木炭』（日本経済評論社）によれば、一九〇六年に紫波《しわ》郡山海王において、広島県高田《たかた》郡出身の楢崎圭三による改良窯《がま》による製炭指導が行われている。

それまでは価値の乏しかったミズナラの巨木が金銭的価値を持ちはじめる。以来、豊富な森林資源、余剰労働力、鉄道をはじめとする流通の整備といったことを背景に、岩手県の製炭量はどんどん上昇し、一九一五年には福島県・北海道を追い抜いて製炭量一位の県となったのだという。そして、県別シェアでいけば、現在にいたるまで岩手県は常に製炭量トップの木炭王国なのだ。

しかし、その木炭王国岩手においても、昭和三〇年代（一九五五～六四年）の燃料革命の前にはなす術《すべ》もなく、製炭量は凋落《ちょうらく》の一途をたどっていったのである。

一九九三年九月、岩手県の太平洋側の北側に位置する久慈《くじ》市や山形村《やまがたむら》で二日間にわたるサミットが開かれた。サミットと言っても先進諸国の首脳が集まるわけではなく、町おこし・村おこしのサミットである。

サミットの主要テーマはズバリ炭焼き。すなわち、全国の炭焼き関係者の集いである。久慈市周辺の山村は、木炭王国岩手の中でも一番の製炭地であったのだ。

長野県の鬼無里村《きなさむら》の森林組合が地域おこしのために炭焼きを復活させ、その勢いで始まったのが、炭焼きサミット。次いで、紀州備《びん》長炭《ちょうたん》の本拠地・和歌山県南部川村《みなべがわむら》でサミッ

於本さんは奥さんのチヤさんと仕事をしていた。寒気の夕刻、仕事の合間に

トが催されている。この時、僕は初めて炭焼きサミットに参加しているので、この岩手の炭焼きサミットは僕自身にとって二回目のサミットということになる。

久慈市の会場では、かつての炭焼き風景の写真や炭を大量に使ったであろう古《いにしえ》の南部鉄の生産方法を想像した模型など、岩手の木炭史に関わるもの、あるいは現在焼かれている県内各所の優良な木炭が展示されていた。また、入り口では年季の入ったおばさんたちによる炭俵編みが実演され、工業高校の作製したジムニーを改造した木炭自動車が展示されていた。

屋外ステージでは郷土の芸能が披露される一方、サミットという名にふさわしい炭焼きに関するシンポジウムや分科会も開かれていた。

その夜、会場を山形村の平庭《ひらにわ》山荘に移した親睦会《しんぼくかい》は、なかなか大きな会場で、全国の炭焼きさんが一堂に会する和気あいあいとした場となった。各地の炭焼きさんたちが壇上を賑《にぎ》わせていたが、主催者側の一人として、この山形村の村長が、参加者それぞれの席をまわり、丁寧に挨拶《あいさつ》していたのも印象的であった。

このサミットの時はスケジュールがきつく、翌日、山形村で窯をいくつも並べて大々的に炭を焼いている谷地《やち》林業さんの炭焼きと粉炭《ふんたん》を作る施設を見学したのち、道路沿いのいくつかの窯をざっと横目で眺めながら、とんぼ返りしたのであった。

車の窓から眺める窯はたしかに大きく、その数も数え切れぬほどであった。やはりもう一度木炭王国岩手を眺める必要がある。それが岩手でのサミットの結論だった。

バッタリー村の匂い

改めて東北各県を巡る炭焼きの旅に出たのは、一九九五年の二月であった。まず訪れたのは、岩手県山形村《やまがたむら》であった。

山形村の谷地林業。窯をいくつも並べた大規模な林業会社である

バッタリー村山村生活文化研究所の案内板。木藤古さんの心意気がうかがえる宣言文が書いてある

僕の小さな車には、いつものように大小さまざまな撮影機材、長い旅を車中泊で過ごすための生活用品が積まれていた。そして、その道具類の隙間《すきま》に、今回の旅の最初の案内役、前章で取り上げた長沢泉さんと父親の長沢武さんが乗っていた。昨秋、長沢さんが黒炭《くろずみ》修業で汗を流したのが今回の最初の目的地、岩手県の山形村にあるバッタリー村なのだ（この件については前章を参照）。

緩やかにうねる東北道をはるばる北上する。走行する車の数がだんだんと減り、それとともに車窓の景色が寂しさを増す。そして、八戸《はちのへ》道に入りインターを降りた頃にはすっかり夕暮れの景色となっていた。

しかし、心配していた雪降りではなく、また暖冬なのだろうか、積雪も予想より少ない。すっかり闇に包まれてしまったものの、僕たちの車は無事バッタリー村に着くことができた。

疲労の中、冷気の車外に降り立てば、どこからかすかに漂ってきたのは懐かしい香りである。人が暮らす生活の匂《にお》い、木の燃える匂いか、あるいは炭のおこる匂いだろうか。

僕らは、木の香豊かなバッタリー村のゲストハウスに通された。周囲は凍てつく冬景色だが、大きな火鉢と真ん中の囲炉裏には山のような炭火が赤々と燃えているのであった。これが僕の感じた懐かしい匂いのもとであった。

僕らを出迎えてくれたのは、ずんぐりとした体躯《たいく》にこぼれるような笑顔の木藤古《きとうこ》徳一郎さんと、ご家族一同であった。長沢泉さんは久々の再会に感慨ひとしおである。また、初めての対面となる武さんは恐縮しきりの様相であった。

それから、炭火を囲んでの和やかな宴が始まったことはいうまでもない。

この木藤古徳一郎さんこそ、岩手県北部、九戸《くのへ》郡山形村荷軽部《にかるべ》にある山村生活文化研究所・バッタリー村の実質的な代表者である。

冬のバッタリー村は、柔らかな雪に包まれている

もちろん、バッタリー村は行政区分上の正式な村のことではない。

　バッタリーとは、古くからこの地に伝わる水の力を使って石臼《いしうす》を搗《つ》く大きな仕掛けである。役割・原理からすれば水車の一種といったところであろう。鹿威《ししおど》しと同じように、長い腕木の先にある椀《わん》に水をため、一定の重さになれば、ギイッと動くという仕掛けである。わずかな流れをもムダにしない先人の知恵が生きている。

　こうした、この山里に生きた先人の知恵と天恵を文化として伝承し、見直そうと始めたのがバッタリー村である。この村は、木藤古さんを中心にした木藤古集落の人々が自ら起こした、山村生活を伝承する貴重な場なのである。

　もっとも、木藤古さん自身も、かつては農村の「近代化」を推進した一人だったというのだから、世の中は不思議である。

　木藤古さんは、かつては陸中農協の職員として、農山村の近代化という美名の下、伝統的な農山村の生活様式を時代後れの古いものとしてつぶしてきた、というのである。生活様式とは文化そのものである。その忌まわしき旧態山村生活文化の代表が囲炉裏だったのだ。家族団らんの場であった囲炉裏を前近代的な古いものとして家庭から駆逐していったのだ、と、ちょっと苦々しい表情でゆっくり語る木藤古さんなのである。

　その木藤古さんの転機は一九八〇年代前半、まだ農協職員だった時代に始まっている。

　ちょうど農畜産物の流通を担当していた木藤古さんのところに、東京から「大地を守る会」がやってきた。大地を守る会は、安全な有機農産物の宅配を早くから手がけていた組織で（現在は会社になっている）、この山形村付近で生産される地牛「岩手短角牛」の取引に来たというのだ。

　最初の取引は、一九八一年の一一月、三頭の短角牛の出荷であった。

バッタリー村の黒炭窯。これは研修でも使われる小さなもの

窯から黒炭を出す木藤古徳太郎さん。手押し車が入るので搬出は比較的楽である

炭の袋詰め。畠山岩次郎さんの窯では、奥さんのミネさんたちが黙々と炭を袋に入れていた

軽米町、畠山岩次郎さんの倉庫。うず高く積まれた木炭が出荷を待つ

この大地の会との交流を通じ、木藤古さんの考えが少しずつ変わっていった。

農協を辞した木藤古さんは、ホームステイを実施し、ありのままの農村生活を見てもらうことを始めたのだ。

朝の三時から大豆をひいて作った豆腐を汁にしたところ、滞在していた人が大喜びであったという。当初はなぜ大喜びするのかわからなかったが、それが都会で失われた手作りのなせる業《わざ》だということに徐々に気がつきはじめた。そんなエピソードを木藤古さんは語ってくれた。

田舎だからこそ何でもある

この頃、木藤古さんは杉浦銀次先生とも出会っている。杉浦先生のことは「序に代えて」でも少しふれたが、長年林業試験場で木炭の研究を重ねられた方で、木炭炭化研究室長を退官後も木炭の復興に全力投球している人である。木炭に情熱をかける杉浦先生と出会い、その時に初めて、木藤古さんの父親、徳太郎さんが延々と焼き続けてきた炭に視野が広がったのである。それまで、炭や炭焼きでさえ消えてゆくものでしかなかったのである。

田舎で何もない、という思い込みが少しずつ解きほぐされ、田舎だから何でもあるという考えに変わるまで多くの月日はかからなかった。都市に暮らす人々が山形村を羨望《せんぼう》のまなざしで見ることを知り、自信をつけはじめた木藤古さんなのである。

こうして、山村文化の継承を旨とするバッタリー村ができ上がったのは一九八五年であった。

そして、このバッタリー村の中でも主役の役割を果たしているのが木炭なのだった。バッタリー村には数基の黒炭窯がある。長沢さんが黒炭を教わったのがこの窯だった。先生は、徳一郎さんの父親、炭焼き名人の徳太郎さんである。

伝統の木炭文化を継承するバッタリー村を代表する味のほど餅。灰の中でじわりと焼く

ここには白炭《しろずみ》の窯も築いてある。長沢さんが滞在中に屋根を作り、木藤古さんに技術を教えた窯なのである。もっとも、木藤古さんはたんなる製炭者にとどまっているわけではない。炭の文化を今に再現しているのだ。

　バッタリー村名物に、ほど餅《もち》という郷土料理がある。この餅は囲炉裏の灰の中でじわじわ焼くという不思議な餅なのである。中には黒砂糖の蜜が入り、とろけるようなうまさなのである。灰、というと汚いようなものと思いがちだが、その灰の中で焼くからこそこの味が出るという。炭と囲炉裏が無くては生み出せない山村文化の味がここに復活されたのである。

日本一の炭焼きの里構想

　こういう木炭の文化を背景に、バッタリー村ではさまざまな行事が行われている。たとえば、大地を守る会と協賛の炭焼き体験ツアーもある。都会の若者たちとの交流が、本当に小さなバッタリー村という集落に活力を与えたのである。また、大学生などもたくさんやってくる。常連さんも多い。

　地元の小学生や高校生も見学に来て、逆に炭焼きをはじめとする地域の文化を学んでいくこともある。

　こうしたバッタリー村の活動に呼応するかのように、山形村全体でも木炭が見直されはじめている。あの、サミットの時挨拶《あいさつ》にまわっていた若き村長が率先して、炭焼きをもう一度地場産業の核としようと東奔西走しているという話であった。日本一の炭焼きの里構想を掲げ、村全体が活気づいているのである。炭焼きの指導者には「チャコールマイスター」という称号を与えたりしているのだ。

　その、村全体の活動の結果が、あの炭焼きサミットの開催だったのだ。

　その夜、僕らは大いに饗食《きょうしょく》し、絢爛《けんらん》に燃える炭火の部屋でぐっすり眠ったのである。

　翌日、長沢親子と一緒に谷地林業や村役場

（上）復活させた囲炉裏に香ばしいほど餅が

ナラの炭材を切り出す

葛巻町にある炭の科学館。ちょっと前の時代の炭焼きさんの生活をうかがえる資料館である

を訪れた。

谷地林業は、大きな林業会社である。炭焼きに関しても、岩手式の大きな窯をいくつも並べているほか、ステンレスの大窯なども稼働させている。また、粉炭《ふんたん》用のプラントも持っているのである。長沢さんは谷地林業でも黒炭修業をしていたのだ。

旧交を温めた後、長沢さん親子は午後二時のバスで帰路についた。バスの停車場にはお土産売り場があり、山形村ならではの地場産品がズラリと並んでいる。木炭が並んでいたことはいうまでもない。

僕はしばらくバッタリー村を撮影させていただいた。徳一郎さんの父、木藤古徳太郎さんと奥さんのハツさんが、のんびりのんびりと窯に向かい、焼き上がった炭をのんびりと運び出す。

その表情があまりに豊かなので、つい、たくさんのシャッターを切らせてもらう。

囲炉裏を使ってほど餅を焼く場面も写させていただく。写すついでに、味わわせていただいたりもする。

そんなこんなでもう一泊ここで夜を過ごさせていただき、翌日、ようやっとバッタリー村をあとにした。去り際、ハツさんが僕の手をしっかり握り、土地の言葉で、また来て下さい、と涙ながらに語って送り出してくれた。

一五〇俵生産の大窯

さて、せっかく岩手まで来たのだからと、僕はもう少しだけ山形村周辺から九戸郡一帯をうろうろしていた。

山形村と葛巻町《くずまきまち》の境となる平庭《ひらにわ》高原には、葛巻町にわずかに入った所に炭の科学館がある。ここは、小規模ながら炭焼きの資料がたくさん展示してある。現物もさることながら、製炭にまつわる写真資料が興味深いものである。

枝道をうろついて見つけた炭窯には居小屋《いごや》があった。軽米町《かるまいまち》の林市太郎、ヨスヰさん夫

青い空、白い雲。夕闇の迫る寒気の山にて

妻である。突然お邪魔したにもかかわらず、なにやらお土産にリンゴまでもらってしまった。

同じく軽米町にある畠山岩次郎さんの窯も立ち寄らせていただいた窯の一つである。奥行き一八尺（五・四五メートル）、一五〇俵前後は出炭するという大きな岩手窯を三基並べて炭を焼いていた。ここでは、山のように積まれた切炭《きりずみ》を、黙々と袋詰めする奥さんのミネさんたちの姿を写させていただく。窓越しの淡い光の中、黙々と続く作業が心にしみいった。

これも軽米町だが、夕闇迫る小高い山に目をやれば、そこには厳冬の中で木を伐《き》る人の姿があった。気になるので山まで登り挨拶をする。かじかむような寒さの中、急な斜面をカメラ片手に登ってみた。そこで働いていた於本《おもと》徳雄さん・チヤさん夫婦は、炭焼きさんのために木を伐る仕事をしているのだという。冷え冷えと底をつくような寒さの中、日もとっぷり暮れようかという中での作業である。

岩手、厳寒の冬。

炭焼く人はしぶとく、じわじわと炭火がおこるように仕事を重ねていた。

東北人の粘りを感じながら、僕は次の目的地・秋田をめざした。

〈追記〉

木藤古徳一郎さんとは二〇〇〇年、静岡県川根町《かわねちょう》で開かれた木炭サミットで久々の再会をした。あいかわらずお元気そうで、バッタリー村一五周年のイベントがあることを教えてくれた。

バッタリー村を去る時、僕の手をギュッと握ってくれたハツさんは一九九八年、八五歳で他界されている。存命中にバッタリー村を再訪できなかったことが、なんとも残念である。

5　庭先の窯で炎塊・灼熱と闘う

秋田県雄勝町　竹内慶一さん

窯の温度を上げる。口焚きに長い木を使う

（上）叉（また）で窯の中で倒れた炭材の木を立てる竹内慶一さん

つららの下がる炭焼き小屋。冬の東北での炭焼きは、熱さと寒さのせめぎ合い

秋田県の備長炭を訪ねて

矢口高雄《やぐちたかお》といえば漫画「釣りキチ三平」でおなじみの漫画家。自然を舞台とした釣り漫画にとどまらず、農山村の伝統的暮らしを描いた作品も数多い。その一つ、「ニッポン博物誌」というシリーズには、山をさまよった猫が、燃えさかる炭窯《すみがま》の炎に、まるで魂を吸い取られるかのように飛び込んでゆく話がある。この窯の描写、あるいは働く人の姿がじつにいい。

その窯は、東北の雪景色の中、まさに出炭しようとする直前の窯なのである。

矢口高雄は秋田県増田町《ますだまち》の出身で、自然を描いた漫画の多くは、彼自身の育った環境を背景に創作されているようである。

この漫画に出てくるのは夫婦の炭焼きだが、その焼いているのはキラキラに輝く白炭《しろずみ》である。

東北から中部地方に至る日本海側の多雪地帯では、伝統的に白炭が盛んに焼かれてきている。なかでも、秋田県産のナラ炭《ずみ》は質がよく、秋田県の備長炭《びんちょうたん》という意味合いから「秋備《あきびん》」ともいわれている。

岩手をあとにした僕は、秋田の炭焼きを訪ねてきたのだ。

といっても、どこに行けば秋田の炭焼きさんに会えるのかさえわからなかったのである。そこで、あらかじめ秋田市在住の鈴木勝男さんに、どこかいい窯を紹介してほしいと無理な案内をお願いしていたのである。この鈴木さんは木炭業界のアイデアマンである。

鈴木さんと最初に出会った場所は、たしか和歌山か岩手で行われた炭焼きサミットであった。その折、鈴木さんは自信満々にある商品を持参していた。それがマークローンという木炭枕《まくら》であった。

最近では木炭が注目を集め、新用途の一端として寝具などに応用されている例も数多い。しかし、もっとも早く木炭枕を開発した

鈴木勝男さん(左)と竹内慶一さん

のが、鈴木さんだったのだ。

　鈴木さんは、秋田県北部、青森県に近い西《にし》木村《きむら》の出身である。鈴木さんが少年の頃、炭焼きは現金収入のための大事な産業であった。後年、鈴木さんは村を出て、木炭検査員として、首都圏に出荷される山のような秋田産の木炭の検査をしていたのである。

　ところが、月日はたち、気がつけば故郷西木村には炭焼きの煙が一条も立たなくなっていたのである。かつての、貧しかったけれども皆が一所懸命に働いていた時代に思いを馳《は》せ、何か炭を使ってできることはないかと知恵を絞った鈴木さん。たどり着いたのが木炭枕だった。

　鈴木さんの木炭枕マークローンには木炭と桐粉《きりこ》が詰められ、高さが自由に変えられるよう工夫されている。乾燥効果と脱臭効果でぐっすりと眠れると好評なのだそうだ。ほかにも簡単に火をおこすことができるバーベキュー用の炭の詰め合わせなど、いろいろなアイデアを現実化している鈴木さんである。

　その鈴木さんに、秋田の炭焼きさんを紹介してもらうこととした。

銀山に栄えた町

　岩手を出た日、僕は鈴木さんと角館《かくのだて》でおちあい、再会を祝した。

　翌朝、鈴木さんの車を追いかけて炭焼き窯へと向かう。雄勝町上院内《おがちまちかみいんない》の窯に行くという。

　地図で見る雄勝町は角館からはるかに遠く、山形と宮城県と境を接する内陸の町である。車が雄勝町に入ると、あちらこちらに小野小町の看板が目につくようになってきた。この雄勝町は小野小町生誕の地として、町をアピールしているようなのだ。

　その一方、小野小町に交じって院内《いんない》銀山という文字も目に入るようになってきた。

　後で知ることだが、この雄勝町には一六〇三年から一九五四年まで日本有数の銀山、院内銀山があったのである。その規模は天保年

（右）深閑とした静寂に包まれた竹内製炭所

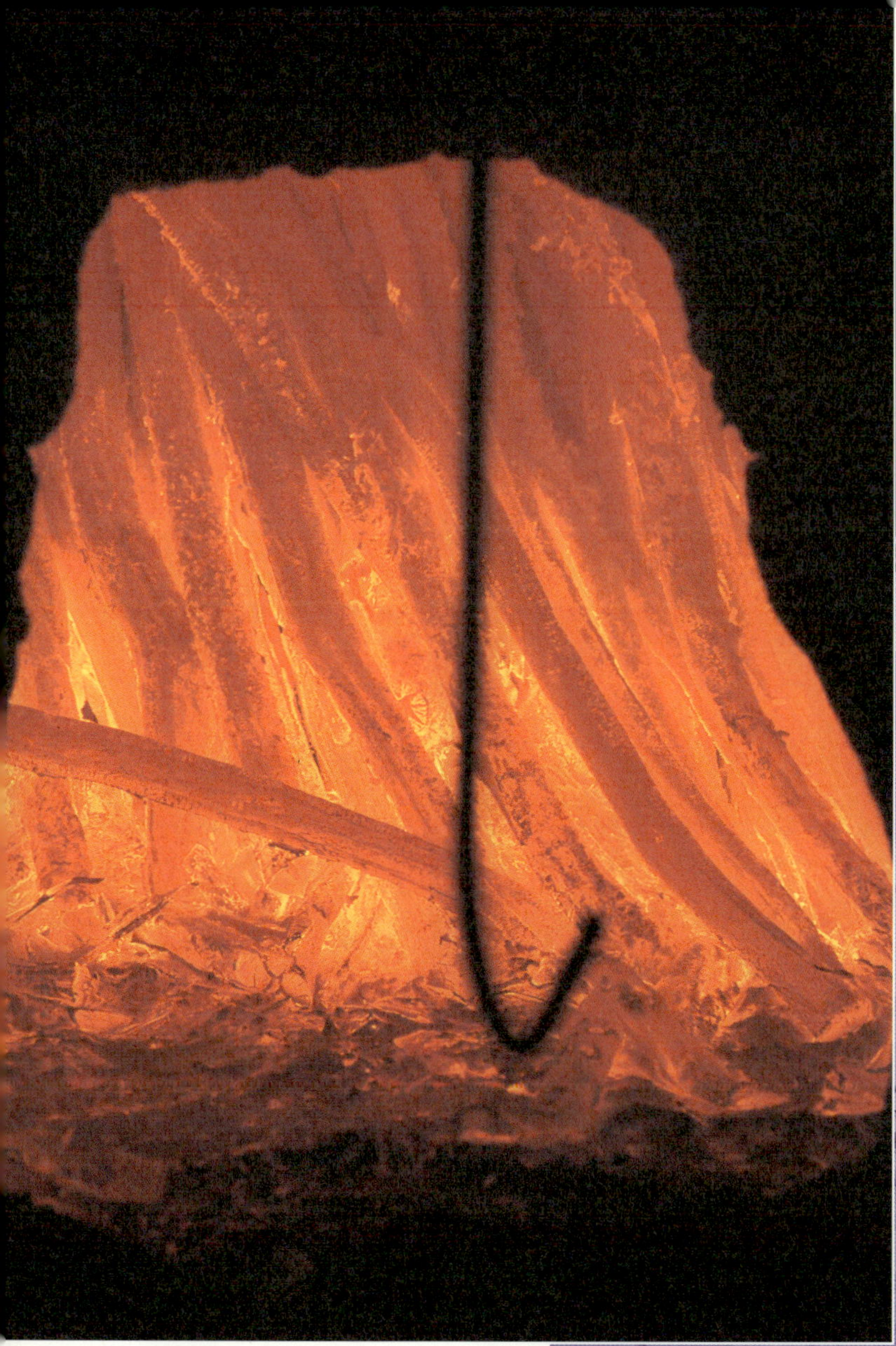

秋備（あきびん）の異名を持つナラの白炭。秋田伝統の木炭だ

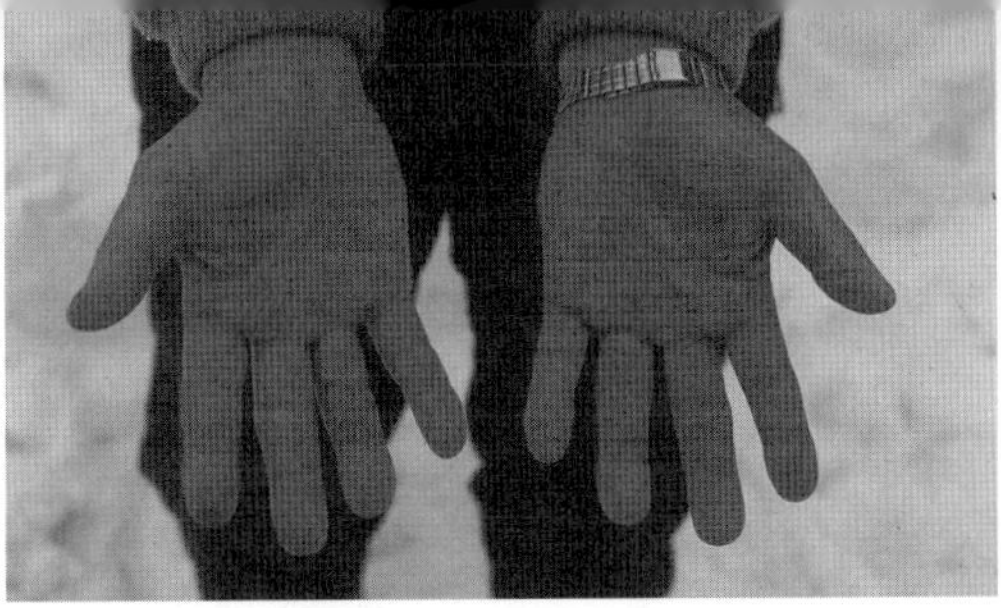

雪の中での炭材の伐採に精を出した炭焼き職人の手

間（一八三〇～四四年）の頃に戸数四〇〇〇戸、人口一万五〇〇〇人以上という大きなもので、現在の秋田市となる久保田城下さえしのいでいたと伝えられている。

明治期になり外国人技師による技術導入も行われ、一時期は国内四位の生産量を誇ったのだという。しかし、その栄華もむなしく一九五四年廃坑となったという。

ここには奥羽線が走っているが、上院内駅の駅舎は院内銀山異人館という博物館になっているのである。

後でも記すが（14章）、金属の精錬と木炭とは切ってもきれない縁があり、この鉱山の存在と、山の炭焼きさんにはいろいろ縁があったのでは、と後から想像をたくましくした次第である。

国道に沿った町を抜け、小さな川沿いにしばらく行くと、そこが竹内製炭所。

そこでは、主の竹内慶一さんがすでに窯出しの準備をしているところであった。

竹内慶一さんは、一九四七年生まれの、大柄のがっちりとした働き盛りの炭焼きさんである。

挨拶《あいさつ》もそこそこに撮影の準備にとりかかる。鈴木さんと竹内さんは親しげに話を重ねている。

炭焼き小屋からは大小のつららが何本も下がっていた。小屋の外は真っ白い、というよりもまばゆいほどに輝く雪景色である。

小屋、といってもそれは習慣としての言い回しであり、この炭焼き小屋は立派な造作のがっちりとした建物である。建っている場所も母屋から目と鼻の先。聞けば、建物の横を流れる川の河川改修が行われた後に建てたもので、この時が築五年目だという。

肝心の窯は小屋の中に向き合うように二基しつらえてある。およそ一三～一五俵を焼く窯で、一工程は一週間から一〇日ほどかかる。窯の内部の奥行きは七尺五寸（二・二七メートル）、高さは手が届くくらいという。

炭材の切り出し時にブルーシートで作った休憩小屋。雪山での仕事に、心地よい安らぎを与えてくれる

ねらしのかけられた木炭が、窯の中に輝いている。

竹内さんの言葉ではねらしではなく、「あらしをかける」と聞いてとれる。ねらしがなまった、この地域の言葉なのだろうが、嵐というのでも面白いなあと思う。たしかに、窯の中には大量の酸素が送られている状態で、しずしずと燃やされてきた炭材にとって嵐のようなものだろうと妙に納得する僕である。

いよいよ窯出しである。

小屋の内部には、熱せられた灰から舞い上がる水蒸気が、ある時は一面に立ちこめ、またあるときは一陣の風に押し流されている。

窯から炭を掻《か》き出す竹内さんの動きが、灼熱《しゃくねつ》の燈色の輝きの中に浮かび上がっている。窯から生まれたばかりの燈色の輝きの塊が、秋田白炭である。

いつの間にか一緒に来ていた鈴木さんが炭を出す手伝いを始めている。窯の外は雪なのに、やはり炭焼きは汗をたらたら流す作業である。

庭先製炭のメリット

竹内さんは、一二〇年もの伝統を持つ秋田種苗交換会において、一九九四年度の一等賞を取った優れた腕の炭焼きさんである。

竹内さんの炭焼き小屋は、彼の住宅のすぐそばにある。庭先製炭のメリットは、いつでも窯のそばに人がいて炭の焼き具合を確かめられること、窯の乾燥手入れが行き届くので窯を長期にわたって使えることなのだという。

また、電気が使えるのもありがたいという。今では窯の中に炭材の木を立てるときなどに投光器が使えるが、以前は窯の中に火をおこしての作業で、煙たくて目が痛くなるような仕事だったのだ。

「管理がよければ、品質が追いついてくる」

力強く言いきる竹内さんであった。

この話を聞いたのは、焼き上がった炭を窯

雪を掘り、木を倒す。一家を支える男の渾身の仕事

雪の山が竹内さんの仕事場である。体力がなければ続かない過酷な労働

六尺のソリに炭材を満載してブルドーザーはゆっくり里をめざす

ねらしをかける。窯の中では堅く締まった木炭が焼き上がっている

（下）窯出し。窯の後ろの煙突から、薄紫の炎が立ち上る

もうもうと水蒸気立ち上る窯出し。雪に囲まれた炭焼き小屋での窯出し

から出し、新たな原木を窯に詰め込んだその夜のこと。灼熱と闘い、重い原木を窯に立て込む一日仕事を終えたその夜、彼の手は休むことなく木炭を小分けにし、袋詰めすることに費やされていた。風呂に沈める浴用炭、あるいは炊飯器の中に入れる木炭を、煮沸消毒しメッシュの袋に小分けしていたのである。

　僕がお邪魔した頃は、こういった新用途の炭を売り出したところであった。

「浴用炭は、俺《おれ》の一つの挑戦なんだ。時代に応じた付加価値を、手間をかけて売るのだ」

　その言葉は、一家を担う大黒柱としての責任感と頼もしさに満ちあふれていた。

　その日、鈴木さんは秋田に帰り、僕は竹内さんのお宅に泊まらせていただいた。

雪の山に働く

　翌朝。好天。今日は炭材の切り出しに買ってある山へ行くという。僕も自分の車で竹内さんのトラックのあとを追う。途中、トラックに手伝いの鈴木さんという方を乗せ、約三〇分で山の懐となる。ここから先は積雪もひどく、車が入るのは不可能。

　ここからの僕らの足は、なんとブルドーザーとソリである。竹内さんが運転する中古のブルドーザーが、雪の壁の中に溝のように作られた道をゆっくりと登る。牽引《けんいん》されるソリの長さはちょうど六尺（一・八二メートル）。僕と手伝いの鈴木さんはソリ上の人である。快適ではないが妙にすがすがしい気分だ。

　うねうねと小刻みなカーブを繰り返し、やがて、小高いなだらかな稜線《りょうせん》に出る。ここが竹内さんの買っている山である。

　伐採は、まず根元の雪掘りから始めなければならない。暖冬で楽、とはいえ根元の雪を掘るだけでかなりの労働である。根元近くまでスコップで掘り進めて、ようやっとチェーンソーの出番となる。直径三〇センチほどのミズナラが白銀の山にドドッと倒れていく。倒した木は玉切りにして長さをそろえ、ソ

夜、浴用炭の梱包に精を出す炭焼き人生一筋の竹内慶一さん

りに積んでいく。力強い骨太な男の仕事である。

山にはブルーシートで屋根をしつらえた簡単なテントのような休憩小屋がある。ここにはストーブもあり、暖をとれるようになっている。風と冷気を避けてここで弁当を食べ、午後の作業にとりかかる。

ソリの上には七束の炭材を山盛りに積んだ。時は夕刻、すでに雲も厚くなり、少しだが雪も舞うようになっている。

山盛りの炭材と、その炭材の上に僕と鈴木さんの二人を乗せ、ブルドーザーがそろりそろりと山を下る。カーブになるとソリは思った以上に傾きを増し、そのたびにヒヤリとする。あまりの揺れに一回飛び降りてしまったほどだったのだが、無事に車のある場所まで到着し、ほっと一息。

炭材をトラックに積み終えた竹内さん。薄暗い中、一日の仕事を成し遂げた誇らしげな男の表情は、じつに気持ちのよいものであった。

6

稲作と養蜂と炭焼きと

山形県飯豊町　土屋光栄さん

炭を焼く土屋光栄さん。飯豊町きっての若手の炭焼きさんである

黒々とした闇と、灼熱の赤。黄金の火花が走る夜の窯

土屋さんの炭焼き小屋の外観。バスの居小屋はすでに三〇年前からのものという

二十数年ぶりの木炭品評会

取材には東北から九州まで、ほとんどいつも車で行く。贅沢《ぜいたく》だとは思うが、機材の量も多く、行きたい場所に行け、どこでも眠ることができるのがよい。スバルのドミンゴという軽自動車に近い小さな車が気に入っていて、今では四台も乗り継いでいるのであるが、この東北取材で使っていた車もその時すでに一三万キロを走っていた。

運転中は常に音楽かラジオを楽しんでいる。ここ数年よく聴く音楽は、仲井戸麗市《なかいどれいち》である。時にずしんと内容のある歌詞を、時にのんびりと、時に激しく歌う仲井戸の歌は、長距離ドライブの友として必携なのである。

一方、耳傾けるラジオは、プロ野球中継以外はＮＨＫの第一放送と決まっている。今は変則的放送に変わってしまったが、昨年まで毎週水曜日放送の『竹内勉の民謡』などは、良き日本に思いを馳《は》せるすばらしい番組であったし、これも無くなってしまった『ラジオ談話室』では、じっくりと賢者の話を聞くことができた。ほかにも面白い番組が多く、よく考えれば取材時以外に家で原稿を書くときにもラジオはかけっぱなしである。

さて、その放送が流れてきたのは、前章で取り上げた秋田県雄勝町《おがちまち》の竹内製炭所取材の途中であった。ちょうど、竹内さんの山へ向かう道すがらだった。ラジオのアナウンサーが伝えていたのは、山形県の飯豊町《いいでまち》で二十数年ぶりに木炭の品評会が開かれたこと、この飯豊町が山形県でいちばん出炭量が多いということ、であった。

竹内さんの窯《かま》の取材後、行き先を決めていなかった僕は、このニュースを聞き、飯豊町へ向かうことを決心した。なにせ雄勝町は山形との県境の町なのだ。

飯豊は思っていたより遠い町であった。飯豊町は山形県の中では置賜《おきたま》地方と呼ばれる新潟県よりの地域だったのだ。おまけに、国道

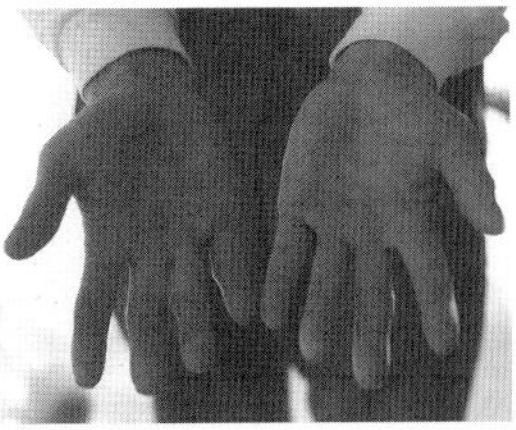

若手炭焼き職人の手。力強さの中に雪国ならではの繊細な表情。（左）炭材は秋のうちに伐って小屋の脇に置いてある

12号を山形県の寒河江《さがえ》市に入ったとたんに長距離トラックに追突されてしまった。幸い、けがもせず、車もバンパーがつぶれただけだったので取材を続ける気になったのだが、若干気分がすぐれず、結局、丸一日ぼーっとして、ムダにしてしまった。

それにしても、冬の雪国ドライブで困ったのは、車を停めて寝る場所である。どこに停めていても朝の四時になると除雪車に起こされるのである。やれやれ。

結局、二月二〇日に雄勝を出たにもかかわらず、飯豊町を訪ねたのは二二日になってからだった。まずは自力で窯を探そうと、地図で見当をつけ白川《しらかわ》ダム方面へ向かうも、どんどん雪深くなるだけで、窯は探せない。

そこで、役場で行われていた品評会会場をのぞき、近くにある森林組合へ足を延ばすこととした。そこで、組合長理事の舟山九平さんに話を伺う。森林組合にも窯はあったのだが、そこからいただいた情報として、萩生《はぎゅう》という地区に窯がいくつか並んでいることを知る。そこには若い炭焼きさんもいるという。

マイクロバスの居小屋

緩やかな谷を川に沿って奥に延びる道。その、川と反対側の斜面にいくつもの窯がある。雪国らしくそれぞれの窯はしっかりとした小屋の中にあるようだ。そして、それぞれの小屋には寄り添うように古いマイクロバスが停まっているのである。

僕は見当をつけて小屋の一つに顔を出した。

薄暗い小屋には、迫力ある窯がそびえていた。とても力強い迫力のある窯である。光のこぼれ具合で神々しささえ感じられる。

突然の珍客に驚いたのが土屋清蔵さん、光栄さん親子であった。炭焼きさんの撮影をしていることを告げ、快く撮影を受けていただく。

そして、窯に隣り合うバスの中へ案内して

炭を出す。まばゆい光をその手でたぐり寄せる瞬間

迫力の窯。豪胆で神々しささえ漂っている

バスの居小屋の中。電気もつけばテレビもある。快適空間だ

くれたのである。バスの中には炉が切ってあり、とても快適な居小屋《いごや》になっていたので大いに驚く。

ここで応対してくれたのが、土屋光栄さんである。一九六一年の生まれで、この時すでに三歳と一歳の子の父親だという。さらにもう一人の子が奥さんのおなかにいるそうである。とにかく、この地域きっての若き炭焼きさんなのだ。

土屋さんが父親と共に炭を焼くようになってから三年目。三一歳ぐらいまではカメラの部品などを作る会社でサラリーマンをしていたそうである。サラリーマンをやめたのは、父親として何か残せる仕事をしたい、という思いからだと、快活に語る土屋さんである。

ここで聞いた土屋さんの暮らしぶりは、なかなか見事なものであった。

稲作と養蜂と炭焼き

土屋さんは父親の清蔵さんとともに、多角的な農林業を実践している方であった。炭焼きは積雪期の仕事だが、それ以外に養蜂《ようほう》にも力を入れているという。

養蜂というと蜂蜜《はちみつ》を採ることだけを考えてしまうが、それだけが養蜂ではない。四月の二〇日頃から二〇〇箱もの巣箱をサクランボ農家に貸し出すのも大事な仕事である。サクランボがよく受粉するように、農家が巣箱を借りるのである。

土屋さんは、サクランボの時期にきちっと蜂が働くように、一一月末から一二月の頭にかけて、巣箱を温暖な千葉に移動し、そこで産卵させておくという。そして、春になってから再び巣箱を回収してくるのである。

このサクランボ農家への貸し出しの後、五月二〇日頃からはトチやアカシアの採蜜が始まるのだ。

一方、五月二〇日頃までには田植えがあり、真夏には植林作業を手がけているという。一〇月末に稲刈りを終えてから、いよいよ炭材を伐《き》り出すのだという。そして、積雪期の前に炭材の切り出しを終え、雪降る季節は炭焼きに従事するのである。

炭を切る土屋清蔵さん。光栄さんの父親である

土屋さんは養蜂家でもある。ミツバチは小さい頃からの友だちのようなもの、と言う

四季の移ろいに合わせた見事なライフスタイルである。

出炭は午後三時頃から。この地域ではどの炭焼きさんでも三時に出すらしい。

その時間まで居小屋で過ごした土屋さんは、やおら炭焼き職人となるのである。

すっかり薄暗くなった小屋の中で、窯口から出されたばかりの炭が美しく輝く。スポーツウエアの土屋さんも大汗をかきながらの出炭である。窯の構造自体は秋田の白炭《しろずみ》窯に近いようである。

この夜は土屋さんの自宅に泊めていただき、翌日もう一度窯の写真を撮らせていただいた。改めて眺める窯は、本当に無骨で力ある窯であった。

後日、季節を変えて土屋さんの養蜂姿も写真で撮らせていただいた。甘い蜜が飛び散ってレンズがべたべたになる撮影だったが、山を背景にした土屋さんの暮らしぶりが、じつに充実して見えた。

7

村の鍛冶屋は白炭も焼く

山梨県上野原町　石井　勝さん

（上）川沿いに一条の煙が立ち上る石井勝さんの窯。（下）石井さんの焼く炭。鍛冶屋としてもっとも使いやすい炭なのだ

炭を出す石井勝さん。窯は伝統的な日窯である

（右）素朴で味のある石井勝さんの窯。（左）炭材は蔓（つる）で束ね叉（また）ではねる

驚きの小さな日窯

約五年ほど前のこと。２章で取り上げた玉井製炭所で備長炭《びんちょうたん》の修業をしていた長沢泉さんと、国際炭やき協力会の広若剛さんというほぼ同年齢の三人で、すでに途絶えてしまったと思われた関東西部の白炭《しろずみ》製炭の名残を探しに出たことがあった。

僕は、僕の住む町、神奈川県藤野町《ふじのまち》の石井高明さん（1章）の仕事を通じて、関東西部の白炭製炭をずいぶん撮影させていただいたのだが、同じ白炭の備長炭を焼く長沢さんは、まだ関東の日窯《ひがま》を見たことがないという。広若さんは、日本のみならず世界の炭焼きを訪ねている人で、アジア各地で炭焼き指導もしている方。そして、僕と長沢さんの共通の友人でもある。

さて、関東西部などと洒落《しゃれ》て書いてはいるが、実際に僕らがまわったのは、僕の住む藤野を起点にして、隣町の山梨県上野原町《うえのはらまち》を西《さい》原《はら》に向かう鶴川《つるかわ》沿いの道であった。

この探索行の途中で、驚いたことに上野原町の坂本《さかもと》という地区で、山懐《ふところ》の川の辺から立ち上る白煙を目にしたのである。まさか炭焼きではあるまいと、それでも淡い期待を抱き、僕ら三人はその河原に向かったのだった。すると、なんとそれは小さな日窯であった。

そして、さらに驚いたのが、その窯庭の灰の中にごろごろ露出していた、できたての炭についてだ。とにかく質が悪いのである。

まだ日窯による炭焼きが行われていたこと、その炭の質があまりに悪いことに、僕ら三人は一様に驚きを隠せなかった。

その炭を焼いていたのが、石井勝さん。頭にタオルを巻いた、ずんぐりむっくりとした石井さん、仕事は鍛冶屋《かじや》であるという。

しばしも休まず槌《つち》打つ響き、とは「村の鍛冶屋」という歌のイントロである。以前は小学校音楽歌唱共通教材として多くの人に小学生の頃から親しまれた歌である。ところが、

埋もれた炭を出す。見るからに質の悪い炭。これが石井勝さんの最高の炭である

最近では鍛冶屋そのものがなくなってしまったということで、一九八〇年に削除されてしまったのだ。僕自身、鍛冶屋の話は人づてに聞いたまでで、その仕事を見るチャンスは、残念ながらなかったのである。

　鍛冶屋にもいろいろな種類がある。日本刀を鍛える刀鍛冶などはテレビのニュースでたまにその白装束の姿を見ることもある。紀伊和歌山、熊野川《くまのがわ》の河口に広がったバラック造りの町には筏釘《いかだくぎ》専門の鍛冶屋がいたということを本で読んだこともある。この窯で出会った石井さんの仕事は、野鍛冶《のかじ》なのである。

　野鍛冶の仕事は、鉄を鍛えて野良仕事や山仕事に供する鉄の道具を生み出すこと、そしてそういった道具を補修することである。山村の暮らしでは、急斜面を耕す鍬《くわ》一本、雑木を伐《き》る鉈《なた》一本がどれだけ生活の支えになるかは、想像に難くない。現在のように大量の工場生まれの鉄製品が流通する以前、鍛冶屋はなくてはならない仕事だったのである。

　かつて、石井さんの住む上野原町には、各集落に一軒というぐらい多くの鍛冶屋があったというのだ。そういえば、僕がずっと写真を撮らせていただいた石井高明さんも、上野原の鍛冶屋に打ってもらったエブリを使っていたのである。

　しかし、現在では炭焼き同様に、野鍛冶という職も風前の灯火《ともしび》である。

「みんなおっちんじまって、うら一人だ」

としみじみ語る石井さんである。

石井さんは一九三四年の生まれで、鍛冶仕事は三代目にあたる。一五歳の時から父親の下で修業を重ね、その後一年ほど大月《おおつき》市の七《なな》保《ほ》の鍛冶屋に見習いをして、技を鍛えた。七保の親方は石井さんのおじいさんも修業した場所だった。

　五人兄弟の末っ子という石井さん、一時は歌手にでもなりたい、と町に出ようとしたが、父親に見つかり、「ひょいと行ったって金になんかならねえ」と諭されたという。

三本歯の鍬（くわ）のさきがけ。この地に息づく伝統の農具だ

野鍛冶の仕事で作った鍬を持つ石井勝さん

例年、一月二日はふいご祭。剣（くさび）を叩き出し、柱に打ち込むのが習わしである

たしかに今でも歌のうまい石井さんである。もっとも、一度、町の食堂で、ラジカセを大音量でならして鳥羽《とば》一郎を歌いはじめたときには、びっくり肝を冷やす思いであった。それはともかく、鍛冶屋になって約五〇年。山で暮らす人々のために多くの道具を作り続けてきた、石井勝さんなのである。

鍛冶屋用の炭を自前で

さて、炭を焼くことは、山里の野鍛冶にとって大切な仕事である。

昨今、残り少ない鍛冶屋ではあるが、その残った鍛冶屋の多くが市販のコークスを使っている。ところが、コークスは石炭由来の化石燃料で、硫黄分が多く、本当に鉄を鍛えるのに最適な燃料兼還元剤であるかどうか、疑問が残る。少なくとも、コークスを用いて日本刀を鍛える人はいないようである。こうした面からも、また経済的側面からも、野鍛冶が本来使ってきたのは木炭なのである。

一般に、鍛冶炭《かじずみ》は松が最高とされ、栗《くり》も適しているといわれる。石井さんも松や栗で鍛冶炭を焼いた時期もあったという。また、以前は山に穴を掘ってそこで火を焚《た》く伏せ焼きのような焼き方をしたときもあった。しかし、現在では、白炭の日窯（一〜二日で製炭できる小型の窯）を使い、自分が鉄を鍛えるためのやわな炭を、雑木を炭材にして焼き続けているのである。

石井さんの鍛冶炭の焼き方は、普通の白炭製炭と同じように始まる。ところが、ねらしをほとんどかけずに窯口をあけ、まだ未炭化の部分が残るような状態のまま外に掻《か》き出し、灰だけでなく水までかけて消してしまうのである。

一見して質が悪い、と思った石井さんの炭は、たしかに燃料用にするには質が悪い、すなわち、いぶった煙が出たり火持ちが悪い炭である。ところが、鍛冶屋の仕事にとっては、たとえ火持ちが悪く多少の煙が出ても、ふい

ふいごを吹けば、めらめらと炎が立ち上がる。野鍛冶の仕事場

ごから送られる風に反応してさっと高温になる炭のほうが使い勝手がはるかにいいのである。こうした炭の焼き方ひとつから、すべてが職人仕事の領域なのである。

戦後の一時期には、炭焼きさんとして堅い白炭を焼き、出荷していたこともあるという石井さんである。

鍛冶屋の世界

石井さんが鍛冶仕事をするのは、自宅前のちょっと古びた小屋の中である。昨今の鍛冶屋の多くが、電気で風を送り、ベルトハンマーで鉄を鍛えているようだが、石井さんの鍛冶仕事は旧来の伝統的なやり方であった。

石井さんが仕事をするポジションには穴が掘られている。地獄穴という。その穴に立つと、槌を振ったときに無理な姿勢をとらずにすむのである。

左手で、先代より使い続けている手押しのふいごを操作する。風の強弱で炭の温度を自在に操り、熱した鉄に命を吹き込んでいく。そして、真っ赤になった鉄を頃合いに引き出し、右手の槌でカンカンと鍛えてゆく。硼砂《ほうしゃ》付けをして刃をつけるときなど、美しい火花が飛ぶ。また、一気にジュッと水につけて冷やして硬さを出す。それはまさに村の鍛冶屋の世界なのである。

自ら焼いた鍛冶炭で、鉄を鍛え続けてきた石井さん。その鍛冶小屋から生まれる道具は、この山里に生きる人々にとってなくてはならないものである。

「既製品は、傾斜が合わねえよ」

町で安く売られている既製品の鍬では、その刃の傾きがこの山間《やまあい》の山肌を這《は》うように開墾された畑には不向きであるというのだ。山里に暮らし続けた鍛冶屋ならではの、生きている言葉である。

僕は、石井さんに二丁の鉈を打ってもらっている。二丁とも素朴な柄のついた味わいのある鉈で、ちょっと自慢の逸品なのである。

8 眺望のきく窯場で炭焼き伝承

長野県鬼無里村　松尾利次さん・宗近雄二さん

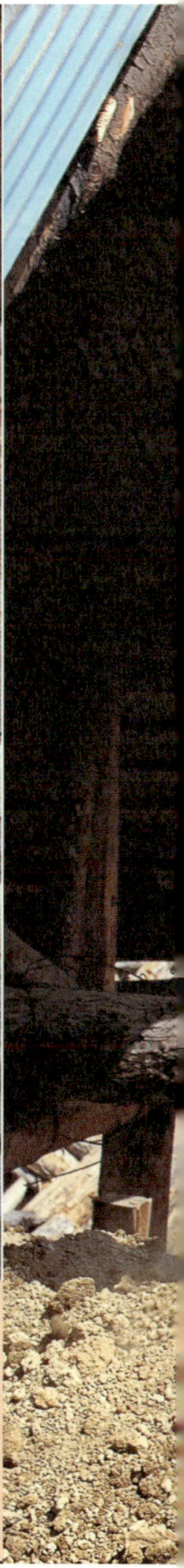

（右）窯の上を耕す宗近雄二さん。窯の上部に空間を作らないために行う作業らしい

「かっころばし」というカギ形のエブリを手に、窯出しを始める松尾利次さん

木炭再興をかけ築かれた鬼無里の窯（看板には「木炭木酢液生産センター」とある）。左奥は居小屋

炭焼き窯の匂い

その眺めの良さは一級品である。大きな谷をはさんで、鹿島槍《かしまやり》ヶ岳《たけ》・爺《じい》ヶ岳《たけ》・五龍岳《ごりゅうだけ》に唐松岳《からまつだけ》。北アルプス後立山《うしろたてやま》連峰の、まだまだ雪に覆われた峰々が、真っ青な空をバックに神々しくそびえている。

漂う香りは、間違いなく炭焼き窯《がま》の匂《にお》いである。後々全国の窯を巡った僕だが、これほどまでに眺望に恵まれた窯とはいまだに出合っていない。

一九九三年五月下旬、撮影会の手伝いで長野県の白馬《しろうま》で数日間を過ごした僕は、その後、白馬村《はくばむら》と長野市を結ぶ中間に位置する鬼無里《きなさ》村《むら》を訪れた。

鬼無里村にある奥裾花《すそばな》自然園は、美しいブナ林と水芭蕉《みずばしょう》で知られ、この時期は大いに賑《にぎ》わう。その花を写すという目的と、もう一つ、鬼無里の炭焼きを写すという目的があった。

鬼無里村では一九八九年、第一回の炭おこしサミットが開催されている。この炭おこしサミットがその後和歌山県南部川村《みなべがわむら》や岩手県久慈《くじ》市で行われた炭焼きサミットのはじまりであった。この年の春、南部川村で行われた炭焼きサミットに参加していた僕だが、最初の炭焼きサミットは開催されたことさえ知らず、足を運んでいなかった。

じつは、鬼無里村ではその後九一年と九四年にもサミットが行われたのだが、残念ながらすべて折悪く、参加していない。はたして、鬼無里ではどんな炭が焼かれているのだろうか。森林組合の活動を含め、気になっていた村だったのである。

標高一二五〇メートルの奥裾花自然園で、八一万本とも呼ばれる水芭蕉やブナの新緑を写し、いよいよ炭焼き小屋を探したのだ。

ところが、窯を探すまでもなく、簡単に見つけることができた。白馬村と長野市を結ぶ鬼無里村のメインストリート（とはいえけっこううねうね道なのだが）の途中、緩やかな

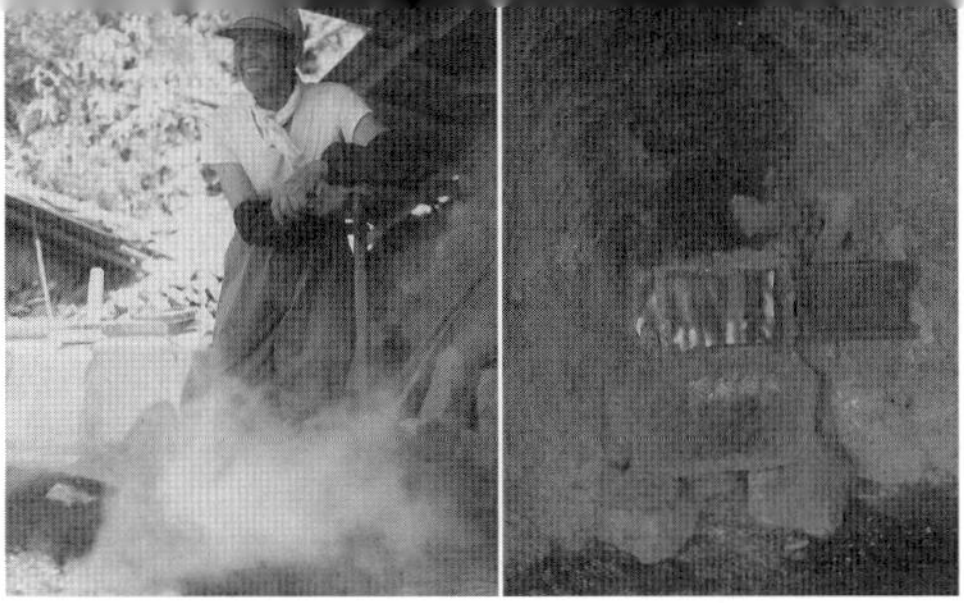

焚き口には昔の風呂の釜口が利用されていた。（左）仕事の手を休める松尾利次さん。一九一〇年の生まれ。一九九九年に故人となられた

峠道を登りきった所で僕は懐かしい匂いをかいだのだ。それは村の中心部から車で一〇分ほど走った道路のすぐ横、必ず目に入るような場所であった。

　そこはじつに見晴らしのよい峠であった。青いトタン屋根とステンレスの煙突は初夏の日差しを浴びてピカピカに輝いている。そして、その向こうにはずらっと居並ぶ北アルプス後立山の連峰が、真っ青な空を背景に、いまだに融けない雪を輝かせている。あまりの気持ちよさに思いきり深呼吸をしてから、窯のようすを見に下りた。

古老と青年の二人組で

　日差しを真正面から浴び、横に並んだ二基の窯で操業していたのは、古老と青年の二人組であった。松尾利次さん。生まれは一九一〇年で、すでに八〇歳を超すという好々爺《こうこうや》である。一方、宗近雄二さんは、横浜生まれ横浜育ちという若者で、なんと一九七〇年の生まれで、東京造形大学で美術を学んできたという。木が好きだったので山仕事を探していた宗近さん、炭焼きサミットのことを知って連絡をとったのが、鬼無里の炭焼きさんになったきっかけであった。

　この二人の年齢差六〇年のコンビで炭を焼いているのである。

　その日、僕は窯の横に建てられた小さな小屋にもお邪魔した。そこが宗近さんの家であった。いろいろなことを語ったはずだが、残念ながらもはや記憶にない。

　翌日、僕は松尾さん・宗近さんの仕事を撮影させていただいた。ちょうど窯から出す日だったのだ。

　多くの地方でエブリと呼ぶ幅広いジョレンのような先を持つ炭を掻《か》き出す道具を、鬼無里ではサギと呼んでいた。それをカギにかけて、松尾さんがじわじわと炭を引き出してくる。熱い炭にあぶられながら熟練の技がさえるのである。

松尾利次さん（左）と宗近雄二さん。六〇歳の年齢差を誇る師弟コンビ

北アルプスを一望する窯。観光資源にもなるよう眺望のよい地に築かれたようだ

窯の具合を見る宗近さん。鬼無里の炭はナラの白炭

焼き上がった白炭。「サギ」と呼ばれるエブリで窯の外に出される

一方、宗近さんはその隣の窯で不思議なことをやっていた。なんと窯の上を鍬《くわ》で耕しているではないか。

もちろん窯の上で野菜を作るわけではない。聞けば、窯の天井と盛り土の間にできる隙間《すきま》を埋めるため、といった内容の説明なのである。初めて見る不思議な光景であったが、理にかなったことなのだろうと思う。

かつて一〇万俵以上生産

鬼無里村は林野率が八五パーセントを占める山村である。かつて、麻の生産と養蚕、そして製炭が、この村の代表的な現金収入の手段だったのである。

その炭焼きは、戦前戦後が最盛期で、一九四三〜四四年には年間に一〇万俵以上の生産高となっていた。ところが、いずこも同じ燃料革命の影響で、一九五五年からは下降の一途をたどり、一九八四年〜八五年度二年の平均は年四一七俵にまで落ち込み、戦前戦後から続いてきた木炭組合も解散となったという。

ところが、木炭組合解散の際に、それまで製炭に関わった多くの人から、炭焼きの煙を消すのは忍びがたいとの声が上がり、木炭生産研究会が結成されたのだ。

木炭生産研究会により、窯が復活したのが一九八八年一一月。その後もう一基築いて横並びに二基の窯となったのが、僕の見た姿だったのだ。

この時以来、僕は鬼無里に足を運んでいなかった。松尾さんや宗近さんのことは気になっていたのだが、なぜか機会がなかった。宗近さんとは一九九四年の秋、岩手県久慈の炭焼きサミット会場で会ったのだが、それきりであった。

今回、原稿をまとめるため、僕は鬼無里村の森林組合に電話を入れたのだ。すると、いろいろ残念なことがわかった。まず、いちばん残念だったのが松尾さんの訃報《ふほう》である。最後まで現役で炭を焼き続けた職人は、昨一九

箱詰め。焼き上がった炭について、年齢差を超えた職人としての目が光る。(左) 森林組合を通じて販売されていた鬼無里の木炭

九九年に天寿を全うされたという。

次に残念だったのが、木炭の値段が中国産にかなわないため、森林組合での炭焼き事業が休眠状態になってしまったということ。そして、若き炭焼き職人・宗近さんも、今年から建築現場で働いているとのことであった。

デッサン用の木炭を焼く

あの、若き職人が本当に炭焼きから離れてしまったのだろうか。気になる僕は宗近さんの電話番号を教えてもらい、さっそく電話を入れた。

電話口の向こうから聞こえてくる宗近さんの淡々とした変わらぬ声を聞き、僕の脳裏には、あの窯やあの風景が蘇《よみがえ》ってきた。

聞けば、宗近さんはあの一年、松尾さんに手ほどきを受けた後、自分で山を買って窯を築き、独立したのだという。その山が雑ばかりになったので、炭焼きはやっていないのだ、とのことであった。鬼無里ではナラ以外のことを雑と呼ぶのである。炭材がなくなっては炭焼きはできないのだ。

もっとも、銀座の画廊に頼まれてデッサン用の木炭を焼いているのだという。長野市の方《ほう》から手に入れる柳の枝を伏せ焼きで焼いているらしい。美大出身の宗近さんならではの仕事である。また、暇があるときには、自分の山の木でイスなどを創っているという。そういえば彼は彫刻科の出身だったはず。

買った山が暮らしに役立っているので、いいのですよ、と語る。

鬼無里の炭のことに話が及ぶ。あの眺めのよい窯はずいぶんと荒れていること、鬼無里村では丸山さんというUターンの人が炭焼きをしていることなどを聞く。さらに、松本にも若い炭焼きさんがいるという情報も教わった。

すでに三〇歳になった宗近さんの穏やかな語り口を耳にして、僕はもう一度鬼無里に行こうと静かに決めたのだ。

9 栄華の名炭、クヌギの残り香

兵庫県川西市　今西　勝さん　他

ふち造り。池田炭伝統の梱包方法である

今西勝さんの窯。一番渡りの大きな石が特徴的なスタイルを生む

小さな窯口から炭材を詰め込む。七年生から八年生のクヌギばかり

異形の台場クヌギ

話は数年前に遡《さかのぼ》る。個人情報を売買する雑誌をぱらぱらめくっていたときのこと。その雑誌にはありとあらゆる売買情報が載っていたのだが、僕の目を釘付《くぎづ》けにする情報があったのだ。それは、オオクワガタの生息地情報を売る、といった内容なのである。

オオクワガタといえば、バブル全盛時には（今でもという話もあるが）利殖の対象にさえなるほど高値で取り引きされ、しばしばマスコミをにぎわせていた昆虫である。一センチ大きいというだけで数万円の価格差があるという。僕は子供の頃は昆虫少年であったのだが、マニアの大人が血眼《ちまなこ》になる昆虫採集は好きではない。

その生息地情報を教えるという場所が、大阪の能勢町《のせちょう》と記してあったのだ。これが目を引いた。能勢は、北摂《ほくせつ》の町で、池田炭《いけだずみ》の産地の一つである。

僕は池田炭を取材に行った折に見たあのすばらしい異形のクヌギを思い出していた。台場クヌギ、あるいは台クヌギと呼ばれるそのクヌギは、地上一～二メートルほどまでは直径六〇センチ以上、木によっては一メートルにもなろうかというほどの巨木なのである。ところが、その上がどうなっているかというと、そこには数えきれないほどの細い枝がわっと四方八方に広がっているのである。

この異形のクヌギこそ、池田炭として栄華を極めたこの地域の炭の炭材であったのである。鹿に萌芽《ほうが》を食べられないように、あるいは下草刈りの邪魔にならないように、ある程度の高さで木を伐《き》り、萌芽更新を重ねてきたクヌギ。数百年の炭焼きの知恵が積み重なって生まれた、人智のクヌギなのである。

クヌギといえば樹液を好む昆虫にとってなくてはならぬ木であり、その腐った部分や倒木は多くのクワガタ類の卵から成虫になるまでの生活基盤なのである。

左より能勢町の小谷安義さん、美谷誠一さん、中坊進さん。いちばん右は炭を買いに来た業者さん

これも後々知ることになるが、能勢付近は山梨の韮崎《にらさき》と並びオオクワガタの産地として名高く、マニアが集まる場所なのである。このマニアたちの手口は荒く、電動工具で腐ったクヌギを切り裂いて成虫のみならず幼虫などまでかっさらっていく。樹勢を弱める、あるいは枯らしめるような手段が行われているというのだ。

たしかに、山の中の台場クヌギは荒れるにまかされている。しかし、だからといって、これは許したくない出来事である。まして、その情報を売り物にしているのだ。

憤る僕は、池田炭を生んできた台場クヌギと、あの穏やかな山々に思いを巡らせていた。

地元炭焼き師の生の声

一九九三年二月四～五日、僕は一年ぶりに紀州を訪れていた。その日、和歌山県南部川《みなべがわ》村《むら》で炭焼きサミットが開かれたのだ。サミットとはずいぶん大げさな名前をつけたものだと思うが、要するに炭焼きに関する仕事をする者が一か所に集まり、交流を深めようということを建前にした、当世流行《はやり》の村おこし、町おこしの事業なのである。

サミット会場は南部川村民《そんみん》センター。真冬ではあるが備長炭《びんちょうたん》がめらめらと燃え、寒さは感じない。地元紀州の備長炭を焼く炭焼きさんをはじめ、全国から驚くほどの炭焼きさんや関係者たちが集まっている。

さて、その中身であるが、いかにも行政が企画した形だけのもの、という感が否めないものであった。記念講演の演者は、東京から呼んだマリクリスチーヌというタレントさんだったが、内容がとんちんかんで、会場全体が見事にしらけきっていたのが印象的であった。

その後行われたシンポジウムで会場に響いたのは、やはり炭焼く現場の声であった。地元の職人たちの、「はたしてこのサミットを開いたところで、現場の状況がどう改善されるのか」「輸入木炭に対抗するにはどうした

憩いのひと時。左手に焼き上がった炭。右にはこれから窯に入れる炭材（能勢町の窯にて）

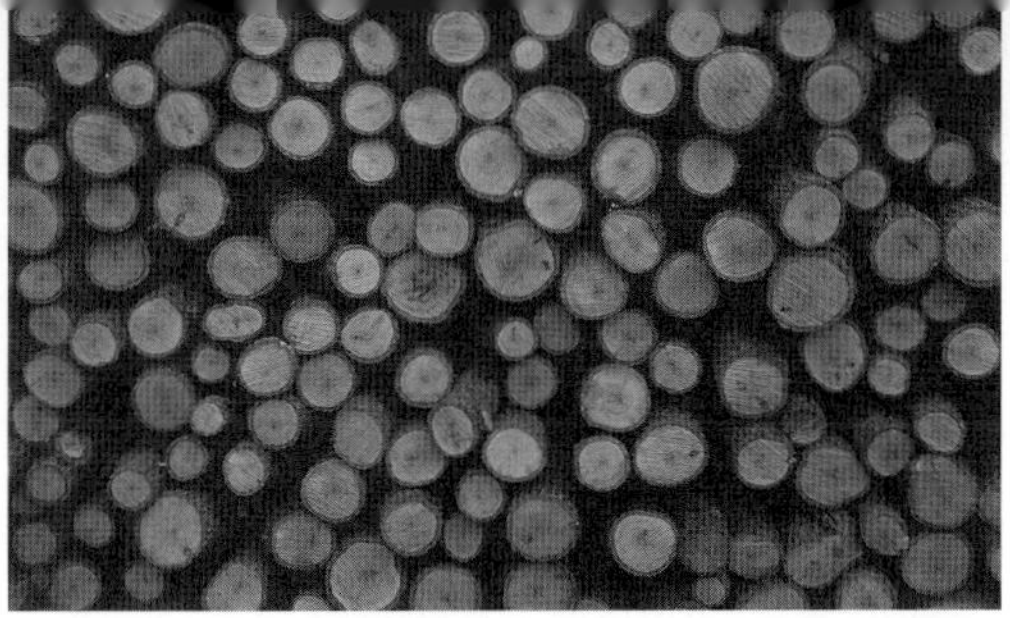

整えられたクヌギの炭材。美しい炭の材料である

らいいのか行政は真剣に考えているのか」といった生の声である。主催の行政側が、うろたえ慌てている様が悲しくもあった。

その夜は龍神《りゅうじん》温泉に会場を移し、現場に関わる者同士、ざっくばらんな炭焼き談義に花を咲かせることとなった。

なお、この時のプログラムを今見返すと、龍神温泉での炭焼き談義の翌日には、全国木炭交流会と称して、全国の名だたる製炭地の自治体の首長が「木炭の未来と活性化について」というテーマで討論を行っているようである。その多くが僕が旅することとなった製炭地である。ところが、当時の僕は行政の話を聞いても仕方ないと勝手な判断を下し、参加しなかったのだ。

池田炭の産地へ

そういうわけで、翌日の僕はいったん南下して玉井製炭所（2章）を再訪した。そして、旧交を温めるも長居をせず、次の目的地、大阪府の池田《いけだ》市の周辺へとハンドルを握った。白炭《しろずみ》の最高峰・紀州備長炭の製炭地から、黒炭《くろずみ》の最高峰・池田炭の製炭地へ向かうのである。

池田市は、大阪府の北西部に位置し、兵庫県とも隣接する人口一〇万ほどの都市である。市の北側には北摂山地と千里《せんり》から続く丘陵地が連なっている。現在は大阪のベッドタウンとしても発達著しい。

しかし、かつては戦国時代に始まったという市が月に一二回も立つ商都市として発展をした地域でもある。交通の要所であったことから、周辺の農林産物が集まる物流の拠点となったのである。現在でも池田銀行という地方銀行があり、この地域に本店、支店の店舗を展開している。このことは池田が商都市であったことの証拠である。

さて、江戸時代には池田の名を冠した名産が二つあったという。一つは、灘《なだ》に押されて今ではすっかり衰退した池田酒。そして、も

平井利夫さんの窯には御幣が立てられていた

う一つが茶道に用いられる炭の最高峰・池田炭であったのだ。

北摂津《せっつ》の低山や丘陵地のあちらこちらで焼かれた炭が出荷、集積されていたのが池田である。これが池田炭の名の由来といえる。

この炭について、いくつかのエピソードを紹介してみよう。

豊臣秀吉が池田にある久安寺《きゅうあんじ》で茶会を催したときにも池田炭が使われたそうである。この久安寺では一一四五年から一八七〇年まで宮中の御茶用として池田炭を献上し続けていたのだ。こうしたことからも、池田炭がいかに高級品として扱われたかがわかる。

宝暦年間の頃に出版された『日本山海名物図絵』には「摂州池田奥山より出るもの、炭の名物なり」という記述もある。また、池田炭は多くの文人の作品にも名を残している。

池田から炭くれし春のさむさかな　与謝蕪村《よさぶそん》
風寒みゐろり囲みてたくたびに
　池田の炭のかをりよきかな　富岡鉄斎《とみおかてっさい》

クヌギ炭の集積地として

しかし、それほどまでに勇名を馳《は》せた池田炭も、ものの本によれば今や風前の灯火《ともしび》であるという。

無粋な僕には、残念ながらお茶の作法などほとんど縁がない。しかし、風前の灯火といわれる池田炭が焼かれるところはぜひ見てみたい。全く当てはないけれど、せっかく近畿圏に来たのである。その思いで僕は池田をめざした。

池田には阪急宝塚本線が大きな近代的駅舎を構えている。車の通行量も多く、車を停める場所さえ見あたらない大きな町である。僕は駅前周辺をのぞくことをあきらめ、そのまま北上する国道173号線をたどることにした。

ロードマップで見当をつけた、一庫《ひとくら》ダム・知明湖という人工湖周辺をめざす。人工湖があるならば、ちょっとした低山ぐらいはある

平井利夫さんの炭。焼き上がった炭を切るまで保管している

池田炭。お茶炭の最高峰を極めた伝統を誇る。菊割れが美しい

はずだ、と踏んだのである。それから、車中泊で取材する僕にとって、安心して寝られる場所を確保するのも大事なことなのである。池田の市街地ではどこにも車を停める場所など見つかりそうもない。湖の周りなら観光用の駐車場ぐらいあるはずだ。

ところが、池田駅からかなり走っても、まだまだ住宅地が続くのである。はたして、どこまで行けば炭を焼いていそうな山が出てくるのだろうか。僕の心配は募るばかりであった。しかし、その心配は全くの杞憂《きゆう》であった。景色が一変したのは、まさに一庫ダムへ登る急な坂を登ったとたんであった。

極上の茶の湯炭

ここで、お茶炭のことを簡単に記しておきたい。といっても僕自身がお茶のたしなみが全くないので、聞きかじり、読みかじりの知識であることをあらかじめお断りしたい。

お茶炭は言うまでもなく茶道に用いられる

煙道口には藁（わら）で編んだ円形の輪がはめられ、窯の調節を行っている

炭のことである。茶道には炭手前といった作法もあるほど、炭を大切な道具として扱ってきた歴史がある。

伝統的様式の世界ではやはり美しさがかなり重要である。「ほの暗い炉の中、うっすらと灰をかぶってほのかに赤い炭は本当に美しい」とは、あるお茶の先生の話。この美しさを静かに演出できることがお茶炭の役割である。

お茶で使われる炭は二種類に分かれるようである。茶の湯の主体となる胴炭《どうずみ》や管炭《くだずみ》などは、炉で湯をたてるための炭で、道具炭《どうぐずみ》という呼び名もあるようである。炭材はクヌギの独壇場である。クヌギの炭は上手に焼くと美しく菊割れ（切り口が菊の花のような形になる）するのである。また、樹皮もはがれにくく、美しさを演出する。一方、枝炭《えだずみ》と呼ばれる炭は装飾的に使われるものである。

池田炭は、前者の、炉に大小を組み合わせてたてて湯をわかすための炭である。

上質な茶《ちゃ》の湯炭《ゆずみ》の条件として、しまりがあること・樹皮が密着していること・切り口が菊の花のように割れていること・断面が真円に近いこと・樹皮が薄いこと・適度なねらしがかけられていることなどが挙げられている。ある程度のねらしにとどめることで、若干のガスが残る。このガスが着火時にほのかに香るのである。

池田炭はこの条件を満たす極上の炭。職人が技術によりをかけた炭なのである。

はたして、ダム湖の上は見事な低山が広がる世界であった。枯れ枝に残る薄い焦茶色の葉の色が、そこにはクヌギが多いことを物語っている。一方、都市に近いことからかゴルフ場もある。湖畔の案内板にはこの付近にかつて鉱山があったことが記されている。

後々わかったのだが、この付近には、猪名《いな》川町《がわちょう》にある戦国時代から一九七三年まで操業されていた多田《ただ》銀山をはじめとして、多くの銀や銅を生産する鉱山があったのである。

自動車道の脇に位置する能勢町の窯

奈良の大仏を鋳造した銅も、この付近の銅山から産出したもののようなのである。

鉱山では精錬のために多くの木炭を必要とする。鉱山を背景にして炭焼きを行ってきたという伝統が、優秀なお茶炭が誕生した背景にあったと想像できる。

池田窯のスタイル

さて、僕は湖畔を一周する道路を注意深く目を凝らしながら走りはじめた。そして、ほとんど苦労することなく、一条の白煙を見つけたのである。それは、ゴルフ場へ向かう取り付け道路の脇《わき》から立ち上る煙であった。

湖畔の道を右に折れ、舗装の行き届いた幅広い坂道を登る。左手に、この場所におよそ不似合いな停まったままのキャンピングトレーラーがある。そのすぐ先、進行方向右手から間違いなく炭焼く煙が漂ってきたのである。

窯に着いてまず驚いたのが、炭材の美しさである。お茶炭の炭材には七〜八年のクヌギしか用いないといわれるが、太さ五センチから七センチ程度に切りそろえられた炭材が美しく積まれている。

次に驚いたのが、窯《かま》のスタイルである。池田窯という窯の名前は知っていたものの、当然お目にかかるのは初めてである。

その外観上の一番の特徴は、奥に引き下がった窯口の上に乗る大きな一枚の岩である。後で知ったことだが、この岩はじつは二枚になっているようで、奥が「二番渡り」、手前が「一番渡り」と呼ばれているらしいのである。ここには三基の窯が並んでいたのだが、いずれの窯にもこの「渡り」が堂々と乗っているのだ。

そして、いずれの窯にも屋根がかけられていない。これは、この地に優れた粘土があるからだ、とものの本に記されている。また、背の高さも比較的高い。

こういった特性は、池田窯がもともとは白炭を焼くための窯だったということを物語っ

ている。

また、口がふさがれた窯の前には丸く穴が掘ってある。この穴の粘土が窯口をふさぐのに使われているようだ。

煙突はない。その代わり、煙道口にはわらで作った輪がかぶされ、この輪の付けはずし（あるいはサイズの変更？）で、焼き具合を調節するようなのだ。

どうも独自性と面白さ、そして美しさの漂う窯である。

撮影は不可！

思っていたよりも早く窯を発見したことで、僕は内心ほくそ笑んでいた。そこに原木をトラックで積んだ三人の職人さんがやってきた。僕は、喜んで話を聞きに行き、写真を撮らせてもらおうとした。

ところが、帰ってきた返事はにべもないものであった。すなわち撮影不可。

僕が、各地の炭焼きを撮ろうと思っている

能勢町の窯。大きな渡りと奥深い窯口。池田窯には独特な風情がある

池田窯の焚き口は狭く小さい。熱のこもった窯から焼けた炭を体ごと運び出す

（上）案外広い池田窯の内部。まだ熱いうちに焼けた炭を出す

今西さんのもう一つの窯。御幣が祀（まつ）られている

こと、そのためには池田炭が必要なことなど、懸命に話してみるのだが、撮影はままならぬ、としか答えが返ってこない。何度か説得したのだが、全くダメなのである。やれやれ。

撮られたくない人のことを撮っても、ろくな表情にならぬことは百も承知である。まあ、こんなこともあると、自らを納得させながら、きっとほかにも池田炭が焼かれているはずだと思い返し、その場をあとにすることにした。

その時、その三人のうちでいちばん若く見えるひげの男がやってきて、「親方がダメと言うから写真はダメだが、よかったら夜にでも遊びにこい」と言う。どこに行けばいいのだ、と問えば、男が指示したのはなんと、あの、キャンピングトレーラーであった。

やれやれ。たしかにアポを取ったわけではなく、行き当たりばったりの取材ではあるが、断られることなど、想定していないのが現実である。せっかく窯を見つけたのに、これではたまらない。

しかたがなく、僕は車をさらに北へと走らせた。そこにはここが大阪かと思わせるほどののどかな田園風景が広がり、僕の家の近辺とは明らかに違うスタイルの、美しい茅葺《かやぶ》き民家が点在していた。そこは能勢町という大阪の奥座敷とも呼ばれる町で、あちらこちらの小さな道をたどるうちに、僕は別な窯にたどり着いた。

正直なところ、先ほどの窯よりも外観の美しさが足りないが、そこにいた方に話を聞けば、明後日が窯出しとのこと。今度こそ撮影の約束を取りつけ、意気揚々と、車をもと来た方向へ戻したのである。

そして、知明湖のほとりを今夜の宿泊地と定めて、インスタントな夕食を作った。

食事をしながらも、いまだ納得いかない僕ではあるが、あのひげ男の一言がやはり気になる。そこで、食後一服の後、件《くだん》のモーターハウスへ参上したのである。

薄暗いモーターハウスの主は長谷川祐宣さ

端正に整えられた池田窯の窯口

ん。ここにはなんと電線も引かれていた。

コーヒーを飲みながら、長谷川さんとの話が淡々と続いた。長谷川さんはもともとは群馬の生まれで、現在池田炭の修業中だという。さらに驚いたことに、池田炭の修業をする前は、和歌山で紀州備長炭の修業をしていたというのだ。

長谷川さんは、自分は修業中なので、親方の言うことには口をはさめない、と暗に昼間のことを謝ってくれている。そして、どこだかよくわからないのだが、と言いながら、地元のテレビ局が放映したというビデオを見せてくれた。写っていたのは池田炭の窯出しである。おそらくこの近辺の炭焼きさんなのだろう。

それから、何となく炭焼き談義に話の花を咲かせ、他の炭焼きさんの情報をいただいたりする。たしか兵庫県の日本海側で友人が白炭を焼きはじめた、という話をしてくれたのだが、申し訳ないことに今ではどこの誰を紹介していただいたのかが思い出せないでいる。

この長谷川さんとは、やがてある場所で劇的再会となるのだが、その話は後に譲ろう。

その夜、知明湖沿いの周遊路は僕にとってなかなか寝やすい場所になっていた。

炭焼き師の活躍の跡

さて、朝になったものの、全くの予定なしである。幸い天気は良さそうである。そこで、この周囲に炭焼きの気配でも探すことにして、車を出した。

地図を見ると、近くに妙見山《みょうけんさん》という山があり、ケーブルカーが架かっている。物見遊山としゃれ込んでそこを訪ねる。妙見山は日蓮宗の関西唯一の霊場として栄える山だと知る。

せっかくなのでケーブルカーとリフトを乗り継ぎ、山頂へ。標高六六〇メートルの日蓮宗能勢妙見宮、通称「能勢の妙見さん」はな

池田炭の伝統を受け継ぐ今西勝、初子さん夫妻。手に持っているのはお茶炭とふち造り

池田炭の炭材となる台場クヌギ。能勢電鉄妙見口駅近くの株

にやら補修中で、鉄骨足場が組まれている。そこから、歩いてケーブルカーの駅、妙見口をめざして歩く。かつての参道はちょうどよいハイキングコースである。そして、いよいよケーブルカーの下の駅にたどり着こうとした付近で、左手に草に埋もれた窯を見つけた。

やはり池田窯である。窯口の上に乗った石がじつに見事。いつ頃まで使われた窯かはわからないが、使われなくなってから数十年はたっているのではないだろうか。

妙見山から下った僕は、車を北に向けて走らせた。京都の亀岡《かめおか》市に続く道の脇に目を凝らしながら走らせる。するとやはりいくつかの古い窯、壊れた窯が目に入ってきた。手入れをすれば、まだまだ実用になりそうな窯が多いようだ。

また、妙見ケーブルの駅にほど近い黒川《くろかわ》（兵庫県川西《かわにし》市）では現役の窯も発見した。少し背の高い堂々とした窯である。「渡り」も重量感のある立派なもの。ただ、残念なこ

とに周囲には誰もおらず、炭を焼く人がどんな方かわからなかった。窯の近くには廃車になったスポーツ仕様の車が積まれ、ちょっと風情がないという印象が残った。

こうやって、一日中うろうろすると、案外多くの窯に出合ったのだ。後に読んだ資料には、昭和初期の池田炭の製炭量が年間一九〇〇トンとあった。おそらくかつては、相当な数の炭焼きさんが活躍していたのだろう。

ついに窯出しを撮影!

翌日。いよいよ池田炭の出炭を撮影させていただく。比較的車の通行量のある幅広い峠への道からちょっと入った所に三基の窯が築かれている。写真を写せなかった窯はいっさい屋根がかかっていなかったが、ここの窯には申し訳程度にトタンが敷いてある。

この窯で炭を焼いているのは、能勢町下田《しもた》尻《じり》の小谷安義さん、美谷誠一さん、中坊進さんの三人。あくせく炭を焼くというよりは、

能勢町の窯での出荷。ダンボール箱に詰めてトラックの荷台へ

楽しみで炭を焼いているようである。

まだ熱のこもった窯に入るため、汚れてもかまわない厚手の服装が適当なのだが、二人が作業服なのに対し、もう一人はなんとおろしたての柔道着なのである。たしかに丈夫な刺し子で動くのにもいい。でも、柔道部に長くいた僕からはなんとなく似合わないような気がした。

炭を出す。ガラガラ音をたてるようにたくさんの炭が小さな窯口から出されてくる。その炭は肥料用の紙袋に詰められ、窯の脇に置かれてゆく。

試しに中に入らせてもらう。入り口の狭さに比べてなかなかの広さである。中はほぼ円形で、案外居心地がいい。

やがて、すべての炭を出し終え、新しい炭材を詰める。窯の前に美しく積まれたクヌギがどんどん窯の中に詰められていく。

「どうだ」と呼ばれる雑木を前の方に詰め、火をつける。火をつけるのに一日、かげんをしながら三日間、そして冷ますのに四日間かかるという。

ここでは「一俵」ではなく「いっぱい」と数えていたことなどを教えてもらう。

焼き上がったばかりの炭は、いつもなじみの大阪和泉《いずみ》の問屋さんがトラックで来て引き取っていく。和気あいあいの中での炭焼き作業であった。

池田炭の産地再訪

その後、僕は二回ほど池田周辺に足を延ばしている。そのうち一回は、雑誌「季刊銀花」の取材で、この時はきちんとアポを取ってうかがったものである。

長谷川さんが働いていた平井利夫さんの窯や、保管されている切炭《きりずみ》の撮影ができたのは幸いであった。また、伝統的な池田炭の梱包《こんぽう》方法であるふち造りも見せていただいた。

ケーブルカーの駅近くの古いたたずまいの美しい民家の酒屋、水口酒店に立ち寄ったの

ふち造りに梱包された炭

もこの時のこと。はたして、どこからか話を聞きつけたのか、あるいは全くの偶然だったか、残念ながら記憶にない。

老店主に炭の話をしたら、いきなり奥の座敷に通されたのである。じつは、店主の水口昇さんは今は腰を痛めて炭焼きができなくなったが、ここでは、今でも好事家のためにふち造りを販売していたのである。

水口酒店の亭主は、水昇堂という銘で池田炭を紹介するパンフレットを自作するなど、今の池田炭をめぐる状況を憂いながら、なお、炭の将来を考える人だったのである。僕はここで池田炭伝統の梱包方法である、ふち造りに梱包された炭を買うことができたのだ。

窯の後ろに見事な台場クヌギ

さらに、前回は周囲に人がいなかったため、きちんと取材できなかった川西市黒川地区の窯も再訪した。そして、炭焼く人に挨拶《あいさつ》ができたのである。今西勝さん。思い起こせば長谷川さんのビデオで見た人に間違いない。

前回は気がつかなかったのだが、今西さんの窯の後ろには見事な台場クヌギの木があった。地上二メートル近くまでは、全く堂々とした、胸高直径八〇センチはあろうかという見事なクヌギで、その上にはすらっとした萌芽が一斉に生えていた。

何代もの炭焼きさんが炭に焼き、育て続けたクヌギの木である。

良質の炭は一朝一夕でできるものではない。自然の中で知恵と力を最大限に働かせる。その積み重ねが、まるで工芸品のような木炭を生んできた。このクヌギの木はそういうことを静かに語っている。

その後、今西さん夫婦とは紀州田辺《たなべ》で行われた炭焼きサミットで再会を果たしている。どうやら息子さんが跡を継いでいるらしい。きっと、あの窯の横にあった廃車の持ち主であろう。後継者の少ない池田炭に、一つの明るいニュースである。

10 創意と工夫。研ぎ炭一筋の道

福井県名田庄村　東　浅太郎さん

（上）研ぎ炭一筋に。東浅太郎さん。（下）研ぎ炭の窯。東さんの創意と工夫が随所に見られる独特な窯

（右）研ぎ炭の炭材。ニホンアブラギリを何年か寝かせている。（左）炭材は水につけてから使う。どこまでも独創的な焼き方だ

いろいろな用途がある

炭にはいろいろな使われ方がある。まず、第一に思い浮かぶのが、燃料や暖房用としての炭。七輪や火鉢でじわじわと燃えている姿など、これぞ炭、という使われ方である。一方、最近では消臭をはじめ、ご飯をおいしく炊くためや、水のいやな匂《にお》いを除去する、といった新用途でもずいぶん使われている。また、歴史的に見ても炭は金属の生産と深い関わりを持っており、金属精錬のための還元剤としても使われてきている。

このように木炭にはいろいろな使われ方があるのだが、伝統工芸、漆芸の世界にも木炭が欠かせないのである。

一九九五年五月一七日、僕は福井県の名田《なた》庄村《しょうむら》にいた。

名田庄村は若狭《わかさ》湾に面した小浜《おばま》市から京都に向かって内陸に入った所にある村である。ちょうど平野部から山間地に変わるような地形で、山を越えれば京都府である。「高石ともやとザ・ナターシャーセブン」というフォークグループが最近再結成されたが、このナターシャーというのは名田庄のもじりである。バンドが結成された一九六九年頃、高石ともやがこの村に住んでいたのである。

さて、僕が撮影をお願いしていたのは東浅太郎さんという炭焼きさん。東さんが焼いているのは、研《と》ぎ炭《ずみ》である。

呂色仕上げと呼ばれる漆の仕上げで光沢を出すために、あるいは、研ぎ出し蒔絵《まきえ》の輝きを出すときなどに欠かせないのが研ぎ炭である。また、文化勲章は大蔵省造幣局で作られているが、この文化勲章の七宝を磨き上げるのにも研ぎ炭が使われている。このように、東さんが焼くのは、炭の中でも珍しい使われ方の炭なのだ。

この研ぎ炭、現在では東さんしか焼く人がいないといわれている。そして、東さんも五月にしか焼かないということで馳《は》せ参じたわ

窯出しを終えた窯。静かさに支配されるひと時

けである。

選定保存技術保持者

東さんの炭焼き小屋は、外から見れば炭焼き小屋というよりは大きな作業小屋といった黒い板張りの小屋である。一目見てこの小屋を炭焼き小屋だとわかる人はほとんどいないと思わせる作りなのだ。そして、なぜか入り口近くにはコンクリートの水槽があるのである。

僕を出迎えてくれた東さんは、小柄で穏やかながら気迫を漂わせた人であった。

東さんは、一九二一年の生まれ。一九四八年から炭焼きを始めたという方である。そして、文化庁認定の選定保存技術保持者という資格を持っている人なのである。重要な文化財を保存する技術を保持する者として文化庁が認定する資格で、厳しい審査をくぐり抜けなければ得られない称号なのである。

東さんには二人のお弟子さんがいた。一人は木戸口武夫さん。事務機器のメーカーに勤めていたが、炭焼きを志願し、ようやっと入門が許されたとのこと。そして残る一人は、なんと、前に述べた長谷川祐宣さんである。

あの池田炭《いけだずみ》の修業をし、キャンピングカーに暮らしていたはずの長谷川さんが、ここにいたのである。池田で修業をしていた長谷川さんだが、現在はこの東さんの下で研ぎ炭を修業中だというのだ。備長炭《びんちょうたん》・池田炭・研ぎ炭と炭焼き渡世人の長谷川さんである。長谷川さん、僕が来ることは先刻承知のようすで、ニヤリ、としている。

小さな研ぎ炭を見せていただく。その色や光沢はやはり炭である。触れるとかなり柔らかい印象で乾いた海綿といった感じである。これならば漆器を傷つけることはあるまい。

炭材はコロビノキ

「木を植え育てる」というと、まず用材として育てることが頭に浮かぶ。しかし、それば

研ぎ炭の表面。虹色の光沢に炭焼く人の心が写る

（左頁の下）焼き上がった研ぎ炭。エブリとやっとこのコンビネーションで炭を出す

炎を見つめる鋭いまなざし。二人の弟子には厳しい師匠である

研ぎ炭。この炭が漆の塗りの最終工程のカギを握っている

かりが木の役割ではない。炭を焼くために植える木もあれば、染料を採るために植えた木もあったのである。実を採って食べるための木もある。

東さんが「コロビノキ」という名を教えてくれる。これがニホンアブラギリの別名なのだそうだ。戦争前はこの木の実からコロビ油と呼ばれる機械油をとるために、海岸沿いなどにたくさん植えられていたそうである。この油は副収入以上の収入になったらしい。

ところが、戦後は機械油が輸入され、この油の需要がパタッとなくなってしまった。数多く植えられたこの木は、手入れされることもなく、放置されていったのだ。

この木こそ東さんが研ぎ炭にする炭材になっているのである。

ちなみに、後に調べたところ、コロビもしくはコロビノキという呼び名は、福井県内でも若狭地方の呼び名で、福井市などのある嶺《れい》北《ほく》地方では使われない言葉だそうである。また、昭和初期の頃は、若狭地方は全国屈指の栽培地で、この油は若狭油とも呼ばれていたらしい。三方《みかた》郡では昭和三〇年代（一九五五～六四年）まで栽培が続いていたという。

コロビついでに脱線すれば、コロビという名の由来は、すぐ転がってしまう実の形からついたらしいのだ。

一九二一年生まれの東さん、最初から研ぎ炭に関わっていたのではなかった。

一九三六年から六年ほど若狭で父親について炭を焼いていたという。この時はナラ・カシ・雑を焼く黒炭《くろずみ》であった。失敗をすればすぐに「なにしとんねーん」という声が飛ぶ厳しい父親だった。

その後、一九四二年から兵隊に行っていた東さんである。

帰国後、一九四八年に、縁あって上中町《かみなかちょう》の河内さんに二回ほど教えてもらったのが研ぎ炭の焼きはじめとなった。

そこから独学でどんどんと炭を改良した東

窯の温度を上げる。上から火を入れると、柔らかく焼けるという。（左）窯出しの前に祈りを捧げる東さん。炭焼き小屋が神聖な空間になる

さんである。

「はじめは、目が熱くてえらいことになった、と心中《しんちゅう》後退しかけた」

と言うが、その一方で、自分で勉強して作り上げるんやという心意気で焼き続けてきたのだ。均質な品質をめざして努力を重ねた結果、かつて七～八人いた研ぎ炭製炭者は東さん一人になっていた。

「生き残るのは品質です。値の高い安いではない。窯《かま》や焼き方の工夫に他の業者がついてこれなかった」

と語る東さん、心意気の人である。

その結果、一九九四年以来、数回の文化庁の調査の後、選定保存技術保持者として認定されたのである。

研ぎ炭の炭出し作業

この日、僕は研ぎ炭の出炭風景を見させていただいた。

作業前に窯に祈りを捧げる東さんが印象的だった。

それから三人の作業となった。東さんはさながら監督のようにキラリと目を輝かして二人の作業を見つめている。

研ぎ炭は白炭《しろすみ》なのだが、その消火方法は、思わず唸《うな》りを上げるものであった。灰を使わないのである。そして、じんわりと火を鎮めてゆくのである。

灰をかければ、どうしても異物が混入する可能性が出てくる。ものを研ぐときの傷のもとになる。この異物の混入を防ぐには灰を使わないのがいちばんいい。消火も一気に消すのではなくじわじわ消す。これも柔らかく仕上げる研ぎ炭にいいらしい。

かくして、炭を出す作業は予想外に早く、午前中で終わりとなった。

翌日、窯に炭材を入れ火をつけるという。

東さんの小屋から道路を隔てた場所には、たくさんの木が転がっている。木と書いたが、半分腐りの入ったような赤茶けた色の、放っ

福井県池田町。宇野明さんの迫力ある二〇〇俵窯

宇野さんの居小屋。囲炉裏もあるもてなしの場でもある

居小屋に並べられた、宇野さんのコレクション炭。さまざまな炭を陳列

宇野さんの小屋の全景。奥に巨大な窯。手前に居小屋と倉庫がある

たらかしたままの木なのである。

これが炭材のニホンアブラギリである、ということを聞き、僕はまたびっくりした。数年間、野ざらしにして使うという。

しかも、この木をいったん水槽につけるのである。何から何まで初めての光景である。

東さんの創意と工夫が、研ぎ炭を完成させたのである。小柄な体躯《たいく》と穏やかな表情には、誰にもかなわないプライドがにじみ出ている東さんであった。

遊び心満点の炭

この福井への旅では、東さんの窯のほかに二か所の窯に立ち寄らせていただいた。

小浜市では竹の黒炭が焼かれていた。小浜市竹炭《ちくたん》組合である。昨今、竹炭がブームとなり、あちらこちらで焼かれているが、小浜の試みはかなり早い時期であり、一時は小浜特産としてだいぶ売れたようである。

もう一つは、名田庄や小浜からかなり離れた池田町《いけだちょう》に住む宇野明さんの窯である。

道沿いに行けばわかる、と言われたとおり、幅広い道の脇《わき》に大きく「福井の木炭」という看板を、炭俵とセットで掲げていたのが宇野明さんであった。

堂々とした看板につられて入る。看板近くの立派な居小屋に立ち寄ると、作業の準備をしている方がいた。宇野明さん。

どうぞ上がって下さい、ということで居小屋にお邪魔する。この居小屋、じつはいろいろな木炭の展示場になっていたのである。

炭材各種に加え、カボチャやミカンなど、いろいろなものを炭にして展示している。フジ蔓《づる》の炭などもあり、何に使うのか、と聞いたところ、焼香用だという。焼香用の炭は初めての出合いであった。

また、直径二〇センチ以上のまん丸につぶれた炭を持ってきて、これは何か？ と謎かけとなる。答えはスイカであった。水分が多いのでぺしゃんこになり、平べったくなって

（右）職人の芸。見事なバナナの木炭。（下）倉庫の屋根の上の展示。福井木炭が誇らしげである。（左）炭焼きを楽しみながら生きている宇野明さん

いるのである。

宇野さんの遊び心満点の居小屋を出て、窯に向かう。ちょうど操業はしていなかったのだが、なんと二〇〇俵の黒炭窯である。円形に近い窯で、焚《た》き口と炭の出し入れをする口が別なタイプの窯である。窯の床には鉄の網が敷いてある。ものすごい大きさにただただ驚く。

なんでも一九六八年には対島《つしま》にも同規模の窯を築いたという宇野さんである。

最後に、宇野さんの炭焼き人生をたどった印刷物をいただき、それが福井炭焼きの旅の締めくくりとなった。

11

「炎の人生、人生の炎」の輝き

福井県名田庄村　長谷川祐宣さん余録

炎の人、長谷川祐宣さん（手前）。奥は木戸口武夫さん。（左頁）紀州備長炭・池田炭と腕を磨いた職人が、最後に選んだのが研ぎ炭であった

山仕事での事故

東さんの窯《かま》（前章）を訪れてまだ二月もたたぬうち、悲しい知らせがあった。

前々章および前章で述べたあの長谷川祐宣さんが亡くなったというのだ。僕は一瞬耳を疑ってしまった。何といっても新天地であれだけ張り切っていた長谷川さんである。聞けば、山仕事での事故だという。

あの東さんの窯を訪ねたときに、僕は長谷川さんに昼飯をおごってもらっていたのである。勝手に死なれてはその借りさえ返せないではないか。その昼飯を食べているとき、長谷川さんは僕を激励してくれたのである。

長谷川さんが備長炭《びんちょうたん》をめざしたのは、たった一枚の写真からだったという話を聞かされたのだ。それは、新聞か広告か雑誌か、そういうものに掲載されていた小さな写真だったという。写っていたのは、あの輝くように燃える備長炭の窯出し。その写真一枚を見て、

炭を出す長谷川さん（中央）と木戸口さん。そして、見守る東さん（左）

これは何だ！　という思いにかられ、何の予備知識もなく備長炭を焼く和歌山に行ったというのだ。だから、いい写真を撮れ、と激励してくれたのである。その長谷川さんが亡くなられたのだ。

キラリ輝く一瞬

僕は、長谷川さんのことを、「炎の人生・人生の炎」というタイトルで雑誌に書いた。以下がその全文である。この文章、そして、これからも炭焼きの写真を撮り続けることが、僕の長谷川さんへの供養である。

〈「日本広しといえども、備長炭とお茶炭《ちゃずみ》の両方を焼けるのは僕一人だけ」

無口な長谷川祐宣さんが、少し威張って話してくれたことがあると、父親の清一さんが淡々と、しかし少し寂しそうに語ってくれた。

彼が亡くなったのは、九五年の六月中旬。死因は、山林での作業中に倒れてきた杉につぶされた、というもの。現場の状況からみて、即死だったろう、とのことであった。

紀州備長炭も池田炭《いけだずみ》も、世界一の品質を誇る日本の木炭の中で、さらに秀でた銘炭として古くから知られたものである。しかし、今日においては木炭の製炭技術を受け継ぐ者は、じつに少ない。

長谷川さんは、窯も炭材も焼き方も全く異なる双方の製炭技術を、体を張って学んできた炭焼きさんであった。

さらに、亡くなった時は、漆の研磨炭《けんまたん》の製炭技術をも修得している途中であったのだ。

彼は炭焼きの家系に生まれてはいない。工業高校を好成績で卒業し、一度は都内一流メーカーの社員になっている。しかし、大卒上司のミスを押しつけられ、反発。希望退職。以降、さまざまな壁にぶつかり紆余《うよ》曲折を経て、たどり着いたのが炭焼きであった。

とにかく、全くの素人である彼は、炭焼きさんになるべく、調理用最高級白炭《しろずみ》である備長炭の産地、和歌山県に足を運んだのだ。あ

独り、窯の炎を見届ける長谷川さん。亡くなられたのはほんの数か月後であった

てのない熱意だけの挑戦であった。

彼の熱意にほだされて、師匠となってくれた人物が現れた。坂口延一さん。かつて天覧の炭焼きを披露したほどの腕の持ち主であった。築窯《ちくよう》から始まった厳しい修業を一年半ほど続け、さらにもう一年、中辺路《なかへち》（和歌山県）の森静義さんの下で、備長炭を焼いた。

次に彼が挑んだのが、兵庫と大阪の境に残るお茶炭の最高峰、池田炭。小笠原修さんの下、一〇年近い日々を費やし修練している。そして、彼はさらなる夢を抱き、日本で唯一、研磨炭を焼く福井県名《な》田庄村《たしょうむら》の東浅太郎さんの下へ弟子入りしたのだ。

彼はこの地で一つの夢を実現しようとしていた。それは、今までの経験を生かして、研磨炭はもちろん備長炭や池田炭を焼く、というものであった。そして、いよいよこのプランが動きはじめ、築窯せんとした矢先に、事故が起こったのだ。

じわりじわりと燃える木炭が、最後の一瞬にキラリ輝く。長谷川祐宣さんの人生も、短くはあったが、その静かな炎は、今も揺らめいている。享年四一歳であった。合掌。〉

流れる月日

僕が名田庄村を訪ねてからすでに五年の月日がたっている。流れる月日の中で、世の中には変わることと変わらないことがある。

長谷川さんとともに東さんに弟子入りした木戸口武夫さんは、今、東さんとは関係なく炭を焼いている。東さんは、破門した、と言う。木戸口さんは東さんのことをなお師匠と呼んでいる。

しょせん、一介の旅人である僕には立ち入れないことがいくらでもある。電話で話しただけで、二人の間に何があったのか何もわからない。どうやら決定的な溝のようである。

長谷川さんが元気であったら、いったいどうしただろうか。天空でも炭を焼いているであろう長谷川さんを思う僕である。

12

土佐備長炭の歴史を掘り起こして

高知県室戸市　北川欽一郎さん・宮川敏彦さん　他

窯出しをする北川欽一郎さん。（左頁）迫力の窯出し。横積みの炭材が土佐備長の特徴だ

暮れなずむ炭焼き小屋。室戸市吉良川にて

一大産地の室戸へ

一九九六年一二月八日、大阪南港を出たフェリーは、夜の紀伊水道を南へと進んでいく。船がめざすのは高知港。僕は四国・九州の炭焼きを巡る旅に出たのだ。

あけて九日。フェリーが高知港に着いたのが六時三〇分。港前の待合室にて、落ち合う約束をしていた宮川敏彦さんと会う。年の頃が五〇歳前後だろうか。いかにも堅実そうな雰囲気の方である。早朝から店を開けている喫茶店でモーニングを食べる。ここでようやくきちんとした自己紹介と相成った。

東京・神田神保町《かんだじんぼうちょう》は本の町として知られ、多くの書店が集まっている。ビルのような書店から、間口一間（一・八メートル）、奥行き三間という専門古書店まで、あらゆるジャンルの本屋がそろっている。その一つに地方小出版の本専門の書店がある。

そこで見つけたのが高知新聞社が発行した『土佐備長炭《びんちょうたん》』という本。

ムックサイズの表紙を飾るのは、まるで溶岩の中のマグマが炎を上げているような、迫力ある写真。そこには土佐備長炭の製炭法・歴史・製炭者、そして統計資料といった諸々のことが細かに記されている。

表紙をあけた扉の頁《ページ》には、山の重労働に耐えてきた職人の手の写真が一枚。「土佐備長炭」というタイトルの上に「地域が育む暮らしの文化」というサブタイトルが記してある。とにかく、地域の炭を、腰を据えてしっかりルポした本なのである。

この本の著者が宮川敏彦さんなのである。今回、四国・九州を巡る炭の旅に出るに当たり、僕は、宮川さんに連絡をとり、土佐備長炭の窯《かま》案内を請うていたのである。

簡単に打ち合わせをして、僕らは室戸《むろと》をめざした。今日は、室戸のあちこちを案内していただけるということである。室戸岬周辺が土佐備長炭の一大産地であることは宮川さん

土佐備長炭の窯は横くべ方式。左上の丸いバイ穴から炭材を入れる

の本で勉強させていただいていた。

古いパジェロのバンが宮川さんの車である。お世辞にもきれいな車ではない。山間《やまあい》の炭焼き窯との間を数知れぬほど行ったり来たりした、年月がしみ込んでいる車である。走行距離は二二万キロという使い込まれた車のあとを追い、僕も室戸をめざす。

海沿いの国道を延々と走り、室戸市に入る。吉良川《きらがわ》集落手前の橋のたもとにバンを置く。ここから僕の車で細い農道に入っていく。まだまだ田圃《たんぼ》がいっぱいの広い風景の、低い山際に北川欽一郎さんの炭焼き小屋があった。小屋といっても大屋根を持ち、家一軒以上の大きさである。

小屋の横では門松を作っていた。南国土佐は陽当たり良好、いかにも暖かく、関東の山の中に暮らす僕はすっかり季節感を失っていた。しかし、すでに師走も半ばに近いのである。この門松、サンシャインに飾るもの、と聞き、僕は東京・池袋の巨大な高層ビルを思いついたのだが、どうやら四国のスーパーの名前らしい。

横詰め式の大窯で量産

ここで、宮川さんの本をもとに、土佐備長炭について簡単にふれておきたい。

土佐備長炭も紀州備長炭と同じようにその炭材はウバメガシあるいはカシ類である。しかし、土佐備長炭の製炭では紀州備長炭と以下の点で大きく違っている。

それは、「備長横詰め式」の大窯を使い、大量に製炭するということである。この窯にはバイ穴と呼ばれる直径三〇センチほどの穴が六～八個あいている。その場所は天井の側部にあたるネタマキという部分にある。バイ穴は原木を入れるときに使うだけでなく、ねらしの時にも使われる穴なのである。

この窯が開発されたのは、昭和の初期だったという。

昔より、室戸あたりには小窯や大窯と呼ば

バイ穴からもねらしをかける。窯がブイブイと音をたてる頃、炭を出す

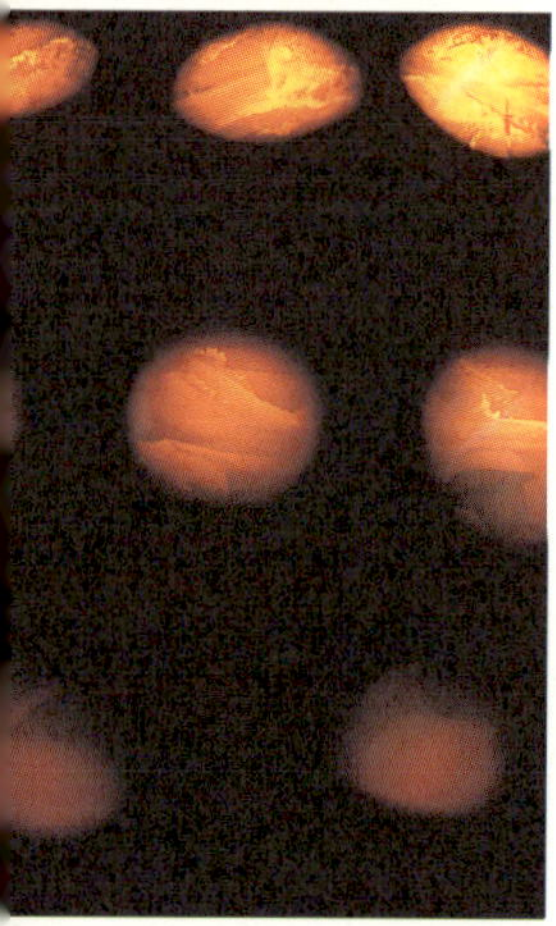

ねらしをかけている窯内部を目穴からのぞく

土佐備長炭の窯出し。窯口の上にあいているのが目穴。左頁は正面から見た窯

口焚き中の窯。しずしずと炎塊を宿す

れる窯があったといわれている。ところが、明治の終わりから大正にかけて、土佐と紀伊水道をはさんだ和歌山県南部村《みなべむら》から来た植野蔵次・林之助親子によって備長炭の技術が伝え広められたのである。

備長式の窯を用い、備長式の焼き方で焼いた炭は、在来の大窯に比べて質が向上した。こうして、高知県東部の白炭《しろずみ》は、当時の郡の名前から「安芸《あき》備長炭」（後の上土佐備長炭）という銘柄を確立したのである。こうして、順調に増産と増益を上げていたものの、昭和初期の恐慌のあおりを受け、価格が一気に暴落したという。ますますの増収と効率化が求められる時代に、初めて横詰め式の窯が誕生したというのだ。

はじまりは、不景気のために大阪に出荷できずに残った保佐《ぼさ》（薪《まき》のこと）を、腐らせるよりは炭にしておいたほうがいいという発想だったという。一八八七年に吉良川日南《ひなた》の炭焼きの家に生まれた林員吉《かずきち》は、弟に備長窯に保佐を放り込んで焼かせた。すると、窯口を開いたところ横に積まれたままの形で炭が輝いていたという。このことがきっかけで横くべ式の窯が開発されていくのである。

吉良川の笠木山には研究用の窯が四基も築かれ、ここでの試行錯誤の研究がもとになり、横詰めの大窯が完成されたというのだ。それが、一九三〇年から三三年の頃だったという。

これが現在の窯の原型なのだ。

ワンサイクルは二〇日ほど

話を戻そう。

門松作りが一段落したところで、挨拶《あいさつ》をする。北川さんは一九三七年の生まれで六〇歳（当時）。奥さんの末子さんもかなりの重労働をこなすという、二人三脚の炭焼き夫婦である。

さて、初めて入らせてもらった北川さんの炭焼き小屋の中には、聞きしにまさる堂々とした土佐備長炭の窯があった。支柱には丸太

バイ穴でねらしをかける。土佐備長炭ならではの製炭法だ

がそのまま使われ、ネタマキの分の高さがあるので迫力が増す。

聞けば、木の状態にもよるけれども、一二キロ詰めで一三〇俵は出炭するという。なるほど大きな窯である。ネタマキのバイ穴はバイ餅という円形のふたでふさがっている。

僕らが訪れたとき、この窯にはすでに炭材が詰め込まれており、火がつけられ乾燥が始まったばかりであった。土佐備長炭ではワンサイクルが二〇日ほどかかるといわれている。せっかく四国まで来たので、この窯の窯出しはなんとか撮影しようと思う僕である。

久々に訪問だという宮川さんと北川さん夫婦の会話がはずんでいる。

ミカンジュースをいただいた後、北川さんの窯をあとにした。

次にめざすのは仙頭喜三一さんの窯である。といっても喜三一さんは老齢のため、現在では息子の啓介さんの代になっているそうである。啓介さんは、ねじれた樹を炭にしてみるなど、いろいろなことを積極的にやる人で、今、一緒に土佐備長炭に関する展示会をたくらんでいる、と宮川さんが語る。

谷を奥に向かい、ちょっと脇《わき》にそれると、そこが仙頭さんの窯であった。ここの窯も北川さんの窯同様に、とにかく大きい。窯の上から前に回り込むかたちで、窯庭に下る。この日、啓介さんは山へ伐採に行っており留守。奥さんの節子さんが窯を守っていた。

節子さんは大柄で、明るく強くたくましいといった印象の方。ちょうど、スバイ（素灰）の中から炭拾いをしていたのだが、うっすらと舞い上がるスバイが夕刻の斜めに射すような光に黄色く輝き、なかなか美しい光景となって浮かび上がっていた。

仙頭さんの窯を辞し、僕らは、小さな峠を越えた。ここは東谷と呼ばれる地域で、ここにも窯があった。山川鉄夫さん・百合枝さん夫婦の窯である。ちょうど窯くべが行われて

（右）土佐備長炭。上土佐備長炭の名で各地に出荷されている。（左頁）スバイの中から炭を拾う仙頭節子さん

173　土佐備長炭の歴史を掘り起こして

窯に炭材を入れる山川百合枝さん。水害で炭焼きを廃業されてしまった

いたので、さっそく撮影させていただく。

　夫婦が窯の両側のバイ穴から、窯の正面から見て横向きになるように炭材を投げ込んでいく。ときどき長い柄のついた鎌《かま》でその位置を修正しながらの仕事である。黒い腹掛けがきりりと似合う百合枝さんも、先の仙頭節子さんと同じように、大柄で明るく、たくましい方である。

「いごっそう」と「はちきん」

　宮川さんの本には、土佐備長炭を焼く炭焼きさんたち一六人が紀州南部川村《みなべがわむら》を訪ね、現・地の炭焼きさんと交流をした話が出ている。

　紀州備長炭振興会館で行われた交流会では、紀州の炭焼きさん代表として、紀州の指導製炭士の勝股文夫さんが開口一番、「若い女性が多いが、皆さん、本当に炭を焼いているのか、眼鏡を持ってこな、いかんのじゃった」と笑わせて、皆がリラックスしたということが書かれている。

　たしかに僕の訪ねた三つの土佐備長炭の窯では、女性の働きっぷりが大きく見えたのが実感。土佐弁では、男ぶりのいい土佐男を指して「いごっそう」というが、その対に「はちきん」という言葉があるそうである。陽気で頑固で、おてんばな、一言で言えば男勝りのたくましい女性のことである。

　おそらく、土佐窯で働く女性は皆「はちきん」なのではないだろうか、そうでなければこの重労働はやっていられないのでは、と思う。

　ところで、僕の今回の旅の目的の一つは、じつはご案内していただいている宮川さん自身にある。あの立派な本を出すまでに郷土の炭焼きを探求し、知らしめた宮川俊彦さんという方自身に興味があったのだ。

　一九四三年生まれの宮川さんは、同じ高知県でも西部、中村《なかむら》市近くの大方町《おおがたちょう》の生まれである。五〇戸ほどの集落で、近くには黒炭《くろずみ》を焼いていた人がいたような環境であった。

夜の北川欽一郎さんの炭焼き小屋。ねらしの炎が目穴からこぼれている

　高校の頃から農村調査をしていたという宮川さん、現在は高校の社会科の先生なのである。

　その宮川さんが土佐の炭を調べようという気になったのは、それほど古いことではない。

　宇江敏勝さんといえば、『炭焼き日記』『山に棲《す》むなり』といった作品で知られる作家である。紀州の炭焼きの家に生まれ、現在も林業を営んでいる。その著作を読んだ宮川さん、一九八九年に宇江さんを訪ねたのである。

　その折、宇江さんから、「紀州の植野蔵次が土佐に備長窯を伝え、その記念碑が室戸にあるらしい」という話を聞いたのが土佐備長と出合うきっかけだったのだ。

「長年、憲法学習会のサークルをやってきたが、教養だけの人に比べ、炭焼きさんのほうが人間として奥が深い」

　と言う宮川さんである。

　製炭者と炭問屋との値段の交渉にも一役買ったこともあるのである。

朽ちゆく窯跡

　その宮川さんが次に案内してくれたのは、前述の林員吉が備長炭の研究に使ったという備長窯の跡である。雑木に埋もれるような山腹の窯である。天井はとっくの昔に落ちてしまっているようだが、端正な石積みが美しい。

　窯跡の近くでは砂防ダムを築く工事が進められている。このままでは歴史ある山中の窯跡は、忘れられ朽ちゆくであろう。その行く末を憂える宮川さん、先人の足跡をなんとか記録保存したいと願っている。

　時すでに夕刻。この日、宮川さんと別れた僕は、室戸の国民宿舎に宿をとった。

　明けて一〇日、僕は室戸市内にある四国霊場二十五番札所の津照寺にも足を運んだ。津照寺の参道には、紀州備長炭を伝えた植野蔵次を讃《たた》える顕徳碑があるからである。蔵次の没後五年目の一九三三年に建立された碑は、じつに立派なものであった。

（右頁）林員吉が技術の改良を目的に使ったとされる石組みの窯跡。立てくべの備長窯。（左）前盛りの在来式の窯のある十和村の炭焼き小屋。（左奥）津照寺に建つ植野蔵次の記念碑

翌一一日には再び時間をとっていただいた宮川さんに、四万十川《しまんとがわ》中流域の十和村《とおわそん》を案内してもらった。横詰め式の前盛りの窯を見に行ったのである。

細い渓流に沿った山村の道を車で上ると、川の反対側に、枯れ葉に埋もれるような錆《さ》びたトタン屋根の窯があった。土佐備長炭の大きな窯に比べ、はるかに小さな窯である。

窯の天井はふつう、球形をそいだような、真ん中周辺が高いものだが、この窯は、窯口に近いほうがより高い、横にした卵の上五分の一ぐらいで横にそいだような天井を持っているのである。これが前盛りということである。

宮川さんの本によれば、この窯は土佐在来式と呼ばれ、横詰め式窯の源流らしいのである。小さな窯ながら、バイ穴もある。

炭焼きの古老の話では、大正末期の頃はこの窯のバイ穴から炎が出るような焼き方をして、急いで炭化させるような炭焼きが行われていたらしい。宮川さんが調べた結果の一つである。

この窯はすでに使われておらず、これから風化してゆくのを待っているような状態である。

文化と先人の苦労の証《あかし》が、徐々に風化してゆく様を、宮川さんは残念無念な気持ちで眺めている。

この日、僕は宮川さんと別れ、海峡を渡り九州へ向かった。
日向《ひゅうが》備長炭などを訪ねた後、九州から四国に戻り、再び室戸に戻ったのが一九日。しばらくは佐喜浜《さきはま》周辺の炭焼きさんを訪ねたりして過ごしていた。

また、市内の吉良川の町並みもぶらぶらと歩いて楽しんだ。家並みがじつに美しい。

この集落は、かつては木炭の生産および集積地として賑わった町である。その富の現れが美しい町並みを作ったのである。漆喰《しっくい》の壁に黒い瓦《かわら》の家々はただ美しいだけでなく、台

木炭の出荷で栄えた吉良川（室戸市）の町並み。水切り瓦（中央の建物の二階の横壁にある）と漆喰の壁が美しい

風の多い地域に適した造りの機能美を兼ね備えている。

それが、漆喰の壁の途中に多段に設けられた水切り瓦である。水切り瓦とは、その名のとおり強風で叩きつけられる水を切る働きをするのである。かつて、高知県ではこの水切り瓦をかなり見ることができたようだが、今なお良好な状態で、かつ、まとまって残っている地区は吉良川のほかにはないとさえいわれている。

僕が訪れた後、吉良川では町並み保存が本格化しているようである。

ねらしと窯出し

そして、いよいよ北川さんの窯がねらしとなったのが二一日であった。さすがに巨大な窯である。窯の正面の「目穴」からねらしをかけるだけでなく、バイ穴とバイ餅の間にも穴をあけてねらしをかけてゆく。

その穴から少しずつ紫の炎が立ち上がる。

「上の穴がブイブイ言いだしたら出す」

熟練した職人の勘所、職人ならではの言葉である。

そして、いよいよこの巨大な窯の出しが始まったのが二三日のことであった。

初めてこの窯に来たのが九日のことだから、それから数えても約二週間はたっていたのだ。

灼熱《しゃくねつ》と格闘する欽一郎さん、末子さん夫妻を撮影する。窯から炭を出すのが欽一郎さんなら、それを運んで灰をかけるのが末子さん。夫婦炭焼き、いごっそうとはちきんの二人三脚で、土佐備長炭が焼き上がってきたのだ。

好評の炭展示会

一九九七年九月一九日から一〇日間、高知県伊野町《いのちょう》のいの町紙の博物館で「炭と暮らし文化展」が開かれた。高知県炭と文化研究会と、いの町紙の博物館の共同主催で行われた

ご案内いただいた宮川さんは、炭焼きさんの良き相談相手である。木炭の行く末を真摯（しんし）に考える人である

展示である。

仕掛け人は、もちろん宮川俊彦さん。宮川さんに請われ、僕も各地の炭焼き写真を貸すことになった。

その展示会には行くことができなかったが、後日、宮川さんから送られてきた一通の手紙には、文化展の会場写真が二枚添えられていた。高知県で焼かれる木炭のいろいろなどが展示され、その向こうには土佐備長炭の製炭工程の写真が展示されている。なかなか活況のようすであった。この展示が少しでも製炭者に還元できれば、と思う。

この展示会、九九年にも行われ、二〇〇〇人を集めるほどの好評だったという。二〇〇〇年にも行われることが決定し、県からの補助も出るようになることが決まっている。

〈追記〉

一九九九年八月、室戸市は集中豪雨に見舞われた。家屋の浸水や倒壊なども激しかったが、炭焼きさんにとっても大きな被害が出た。

僕が訪れた山川鉄夫さん・百合枝さんも、窯がつぶされ、再建のめどが立たず、残念ながら炭焼きをやめたそうである。ほかにも、林道が通行不可となり、炭焼きをやめた人が計三組もいたのである。

宮川さんは行政に援助をお願いしたが、言葉の慰めだけで、資金の協力は得られなかったそうである。厳しい生活を重ねる炭焼きさんには、逆風の出来事であった。

13

宇納間備長から茅葺き窯まで

宮崎県北郷村　眞田　博さん　他

日向、宇納間備長炭の窯出し。炭材はウバメガシではなく、カシである

宇納間備長炭。しっかりと締まった炭である

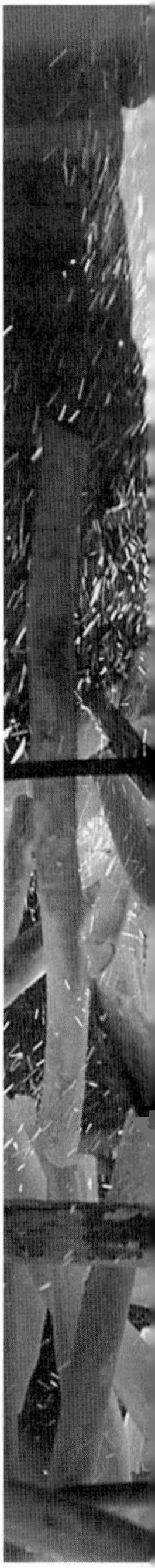

耐火粘土の分布

唐突ではあるが、中央構造線をご存知であろうか。衛星から写した日本を見ると、長野県茅野《ちの》市から静岡県の水窪町《みずくぼちょう》へ続き、豊橋《とよはし》市〜紀伊半島〜北四国〜九州を縦断する、まっすぐな大地溝帯が写っている。この、谷のような地形が、中央構造線と呼ばれる大断層なのである。

和歌山・高知（土佐）・日向《ひゅうが》という備長《びんちょう》炭《たん》製炭地は、間に紀伊水道と豊後《ぶんご》水道という海をはさんでほぼ東西横並びの位置関係にある。そして皆、西南日本外帯と呼ばれる中央構造線より南の地域に属しているのである。

備長炭を焼くうえで備長窯《がま》が必須だということはすでに他の章で述べているが、その備長窯を作るのに欠かせないのが耐火性の強い粘土である。地質のことはよくわからないものの、中央構造線と粘土の分布には何かしら関連があるのでは、と勘ぐっているのであるが、真実は如何《いかが》。

ところで、石川恒太郎著『日向ものしり帳』（鉱脈社）は、一九六一年頃の宮崎放送のラジオ番組『日向ものしり辞典』の放送原稿をもとにした本である。その本の「日向の産業」という章は、「日向木炭の歴史」という項で始まっている。冒頭、「日向の炭焼きといえば日向人の代名詞で、東京あたりの人は日向といえば炭焼きばかりがいるところかと思ったくらい……」と始まっている。日向はそれほど炭焼きが盛んな地帯であったのである。

さて、一九九六年一二月一一日、土佐備長炭の取材が一段落した僕は、高知から愛媛県の佐田《さだ》岬へと車を向けた。夜の国道を走り抜け、佐田岬の三崎《みさき》港に着いたのが午後一一時。仮眠をとり午前四時の別府行きフェリーに乗

る。めざすは九州である。
　福岡の八女《やめ》市に寄り「櫨《はぜ》の実採り」の撮影をしてから、いよいよ、日向の国、宮崎県をめざしたのだ。

宇納間備長の里

〈宇納間〉紀州備長炭・土佐備長炭とともに備長炭として知られているのが宮崎の日向備長炭。日向備長炭に関しては行き当たりばったりの旅だが、とりあえずの目標を北郷村《きたごうそん》の宇納間《うなま》と決めた。宇納間備長という名を何回か見る機会があったからである。

　寄り道先の福岡県西部にある八女市から、神話の町高千穂《たかちほ》・日之影町《ひのかげちょう》を経由して宇納間をめざす峠越えの県道へ僕は進んだ。標高九〇二メートルの中小屋山《なかごややま》の山頂近くまで登り、ようやっと北郷村と境を接する中小屋峠となった。

　峠から下りはじめた明るい斜面に、さっそく一基の古い窯《かま》を発見した。一見して、すでに使われなくなって久しいことがうかがわれる。

　この、偶然出合った窯は、じつに面白い窯であった。それは、白炭《しろずみ》窯でありながら、焚《た》き口が別についているという点である。正面にくべ口があるのは普通の白炭窯と同じだが、左斜め下に焚き口があるのである。焚き口には昔懐かしい薪《まき》の風呂で使われた金属窯口がついている。この珍しい窯を見て、心がはずんだことはいうまでもない。

　前述の『日向ものしり帳』によると、寛永年間（一六二四～四四年）には、延岡《のべおか》藩の室屋助兵衛が七鹿倉と宇納間で炭山を経営した、とある。宇納間が歴史ある製炭地であることがうかがえる。

　川に沿った道を延々と下る。やがて宇納間地蔵の前で道が分岐する。右手に宇納間地蔵。このあたりが村の中心部のようである。この左手は幅広い道の脇《わき》に家が建ち並ぶ参道となっている。宇納間地蔵は「火除《ひよ》け地蔵」とし

（右頁の右）北郷村秋元にて。二〇〇一年の木炭サミットは北郷村で開催予定である。（同左）眞田博さんの窯。窯出しの風景

鉄工所にヒントを得たという防熱フードを着けて。宇納間では皆この面を着用して炭を出す。（左）窯出しの合間に一服入れる眞田博さん

て信仰を集め、旧正月の例大祭では二〜三万人の客で賑《にぎ》わうという。地蔵へは急な階段を登らなければならない。せっかくここまで来たので、汗をかきながら早足で往復する。

階段登り口の横にあるお土産屋をのぞくと、案の定、炭が売られていた。

とはいえ、峠からここまでの間、現役の炭焼き窯は見つからなかった。そこで、休日であることも忘れ、村役場へ。当直の方から炭焼きが行われている場所を聞き出した。どうやら秋元《あきもと》という地域に炭焼き窯がたくさんあるらしい。

透明な防熱フード

製鉄所を参考にした、と眞田博さんが教えてくれたのは、頭に着けた透明な防熱フードのこと。灼熱《しゃくねつ》の炎塊を「出し棒」で出す眞田さんは、この透明なフードをして窯出しの作業をしているのだ。七〜八年前から、宇納間の炭焼きさんはこの防熱フードをするようになった、という。灼熱の作業から身を守る工夫である。

役場で教わったとおりに道をたどり、秋元地区にたどり着く。穏やかな山の連なる明るい山里といった雰囲気である。そこには、「炭焼きの里」という看板があり、窯の位置がわかるようになっている。その地域をぐるぐると車で回ったところ、道のすぐそばにある眞田さんの窯がちょうど炭を出している途中だったのだ。眞田さんの窯のある場所は秋元でも少し奥の桃野尾《もものお》という場所になるという。

眞田さんは六一歳。一五歳ぐらいから炭を焼いてきた。炭焼きとシイタケ栽培を仕事にしているという。

窯で仕事を手伝っているのは奥さんのタツ子さんと小松しょう子さんという二人の女性である。

この地域で焼かれているのは備長炭ではあるが、炭材はカシだそうである。

（右）開商之碑。東郷町福瀬小学校の校庭に誇らしげに建つ。（左）福瀬を流れる清流、美々川。棹（さお）さして対岸へ渡る農婦

この窯は八〇俵の窯だという。道理で、なかなか大きい作りである。土佐備長炭の巨大な窯を見た数日後なので、大きさの感覚がややふやになっているが、紀州の窯だけ見ていたなら、もっと大きく見えていたにちがいない。見た感じでもっとも特徴的なのは、窯口が少し高い所にあること。段差は三〇センチほどだろうか。

八日間焼いて、二〇日間乾燥し、ねらしにゆっくり一日かけ、一二時間で出炭、というのがこの窯のだいたいの工程だそうである。

フードをつけて、再び出し棒を握る。ここでは炭を出すカギ形のエブリを「出し棒」と呼んでいるのだ。柄には竹が使われているのも、あまり見ない。

透明アクリルの奥で、焼き上がった炭を一心に見つめる眞田さんであった。

炭の開商之碑

〈福瀬〉宇納間で眞田さんの窯を写した後、いったん海沿いの日向《ひゅうが》市の市街地へ行く。国道沿いの本屋に飛び込み、郷土の本を探す。そこで出合ったのが前述の『日向ものしり帳』だったというわけである。

そこに面白い記事を見つけた。福瀬商社の話である。

東郷村《とうごうそん》（現在の東郷町《とうごうちょう》）福瀬《ふくせ》という地区は、炭焼きが主産業だったが、炭問屋に買いたたかれて困窮していたという。

そこで、田辺清吉という人が、中間商人の排除を説き、一八八五年、福瀬商社を組織し、大阪の阿波《あわ》屋と直接取引を始めたというのだ。村は潤い、田辺清吉を顕彰する「開商之碑」が福瀬小学校に建てられているという。

落人《おちうど》伝説と焼き畑の秘境、椎葉村《しいばそん》付近の九州山地を水源にして、日向市南部、古《いにしえ》の港町で町並み保存が行われている美々津《みみつ》まで流れているのが流路延長九一キロの耳川《みみかわ》。美々川とも記されるように、なかなか美しい川である。僕にはこの美々川という表記のほうが

父と二人で炭を焼く大林俊之さん。（左）大林産業の白炭窯。横には工業用の炭を作る平炉がある

しっくりとくる。

この川に沿った道を遡《さかのぼ》ると、福瀬は案外近くであった。川に沿ってつけられた自動車道から眺めると、決して大きな集落ではなく、かつて栄えたという雰囲気ではない。集落の背後は山になっている。それほど高くはない山の向こうは、もう日向市である。

この、福瀬のある東郷町は歌人若山牧水のふるさとでもある。牧水の歌には、

冬山にたてる煙ぞなつかしき
　ひとすぢ澄めるむらさきにして
夕月の細くかかれる山の端に
　炭窯のけむり白くあがれり

といった炭焼きを詠んだ句がある。

しかし、残念なことに福瀬を包む、その山のどこからも煙は上がっていないのであった。

平炉で粉炭を製炭

さて、さっそく小学校の校庭にお邪魔する。

たしかに「開商之碑」があった。なかなか立派な碑である。碑の横には解説の看板もある。碑が見つかったので、次はやはり炭焼き窯を探そうということになる。

とりあえず、集落の背後の山に、車で入れる道を見つける。のんびりと車を走らせると数分で古い窯跡の石組みを見つける。間違いなく白炭の窯跡だが、あたりはすでにずいぶん年数のたった植林となっていて薄暗い。

そのまま峠を越え、下ってゆくと、再び美々津から福瀬にゆく車道に出てしまった。

もう一度、福瀬めざして川に沿った道を行く。すると、集落に入るずいぶん手前の右手に、なにやら煙突のある工場のような建物が見えてきた。その付近でどうも炭焼きのような匂《にお》いがするのである。

思い切ってその工場のようなところに入る。

はたしてそこには平炉《へいろ》と備長窯があったのだ。

福瀬に見つけた古い窯跡。植林される前は広葉樹の炭材の森だったはずだ

(左頁の右)三ヶ瀬川対岸の窯。刈り取られた田んぼが黄金色に輝いていた。(同左)茅葺きの炭焼き小屋。三ヶ瀬川沿いに遡(さかのぼ)った赤木集落のいちばん奥にひっそり建っていた

大林産業。木屑《きくず》・木皮などを焼く平炉を使い、粉炭《ふんたん》を作っている。また、驚いたことに敷地の一角には備長窯が築かれていたのである。

ここに働いていたのは、大林俊之さん。なんと二三歳という若さである。もともと山口県の生まれで、自分が生まれる前から父親が粉炭を作っていたそうである。

備長窯は近くの人に教わって約一年前から始めたばかりらしい。

父親は外出中で残念ながら話を聞けなかった。

何はともあれ、福瀬の炭である。気をよくした僕は、まだ望みを捨てることはないと、もう一度集落に戻ったのだ。

川の向こうに窯場

ハナカガシという珍しい木のある神社近くでは、数人のお年寄りが楽しそうにゲートボールに興じている。ベンチに座っている人に、この辺で炭を焼いている人はいませんか、と聞いてみた(後から考えたら、この人たちに昔の福瀬のようすを聞けばよかったのだが、なぜか聞き忘れてしまった)。

すると、美々川をはさみ福瀬の対岸に住む人が二か月前まで炭を焼いていた、ということがわかった。ただ、今は病気になってしまって焼いていないらしい。

それでも、せめて窯が見られればと思い、場所を聞く。すると、船でないと行けない、という答えが返ってきた。

美々川の河原に行く。土手から下りた所にある可愛らしい船着き場から、今まさに船が出るところである。

慌てて土手を下る。竿《さお》をさした小さな船が岸を離れる。竹で編んだ籠《かご》を背負った女性である。「どこに行くんですか?」と尋ねれば、対岸の畑だそうである。その答えを聞くか聞かぬかのうちに、船はどんどん進んでいく。

その後ろ姿がじつに美しい。

川を船で行き来する、というのは当たり前の光景のはずなのだが、僕の生活にはない風景である。川が生きている、という実感がわく。

その船着き場からさらに下流に、炭を焼いていた人が使っていた船着き場があった。

そこには郵便ポストがあり、駐車場もある。小さな船が一艘《そう》とまっている。果たして、どんな人が、どんな窯で、どんな炭を焼いているのであろうか。思いを馳《は》せるも、船を動かすことはできないのである。

結局、僕はこの青々とした美々川を渡ることができなかった。窯を見ることはできなかったが、何かしら、悔しさよりはすがすがしい気分が残ったのだ。

茅葺きの炭焼き小屋

〈三ヶ瀬・赤木〉 少々の心残りをあとに、僕はなんとかもう一か所、炭焼き窯を見たいと思っていた。

何か当てがあったのか、あるいは地図を見て当てずっぽうで動いていたのかさっぱり思い出せないのだが、僕がうろうろしたのは日向市のすぐ北、五十鈴川《いすずがわ》に沿って開けた門川《かどがわ》町《ちょう》であった。最初に訪れた北郷村宇納間はこの川の源流域である。

五十鈴川自体は水量のある川ではない。その川に沿って海沿いから少しずつ内陸の山間部に進んでいく。途中、五十鈴川の支流の三《さん》ヶ瀬《せ》川に沿った道にコースを変える。

なぜ変えたのかはやはり思い出せないが、これが正解であった。

三ヶ瀬川はまさに清流であった。先の美々川といい三ヶ瀬川といい、眺めているだけで心が安らぐような川である。そして、のんびりと車を走らせていると、やはり炭焼きの窯があった。

道路から眺めると三ヶ瀬川のキラキラ輝く清流をはさみ、向こう側に広がる田圃《たんぼ》のその向こうに、炭焼き小屋がたたずんでいるので

（右）茅葺きの窯の主である河野亘さん。一九二五年生まれ。（左）口焚き。三五年ほど前に築いた窯は、多くても三七俵ほどの出炭量だという

ある。

絵になる風景である。残念ながらこの小屋はお休み中で入れなかったが、大いに気をよくした次第。その勢いで、さらに奥へ向かったのである。

その窯が現れたのは、最後の赤木集落を抜け、いよいよこれからは山ばかり、といった場所であった。

決して大きくはない窯であるが、見事に煙が上がっている。その、煙が上がる窯の屋根が茅葺《かやぶ》きなのである。これには喜びを隠せなかった。

たとえば福井県の池田町《いけだちょう》や、島根県の掛合《かけや》町《まち》あるいは広島県の布野村《ふのそん》には、観光用などに復元された炭焼き窯がある。これらは客に見てもらうために、茅葺きなどの草で葺《ふ》いた造りなのだ。

関ヶ原で茅葺きの窯を見た、という情報をもとに探したこともあった。

しかし、教えられた場所にはすでに茅葺きの窯はなかったのである。つまり、僕は、それまで実用の茅葺き窯を見たことがなかったのである。

その、茅葺きの窯が忽然《こつぜん》と現れたのだ。

窯の主は河野亘さんという方であった。一九二五年生まれで、小柄だが、いかにも技を鍛えた炭焼きさんという風情である。窯は石組みでできている。この窯は三四〜三五年前に築いた窯で、出炭量は多くても三七俵ぐらいという。宇納間で見た窯に比べるとはるかに小さい。

窯にはしっかりと使われている藁草履《わらぞうり》が置いてある。ゴムの靴で熱い窯に入ると焼けたいやな匂いがする。そこでこの藁草履で窯に入るという。なるほどと思う。

とにかく、全くの偶然ながらこうした炭焼き窯に出合えたことは幸せだった。

炭焼き長者伝説の地

日向でのさまざまな出合いをあとに、僕は

ゴム底が焼けた匂いがいやだという河野さんはこの藁草履（わらぞうり）で窯に入るという。（左）河野さんの窯の屋根は煙に燻（いぶ）され、つやつやと漆黒に輝いている

大分県へと車を向けた。そして三重町《みえまち》の内山《うちやま》観音と臼杵《うすき》市の国宝の磨崖仏《まがいぶつ》、そして、その周辺を探索した。

これらの場所は、広く知られる炭焼き長者伝説（次章）にちなんだ重要な遺跡・伝説の地なのだ。

炭と金属と権力。日本各地に伝わる炭焼き長者伝説をギュッと凝縮したような地を旅したことは、その後の僕の炭を考えるうえで、一つの指針になった気がする。

この後、僕は臼杵からもう一度四国に渡った。それは、土佐備長炭、北川さん（前章）の出炭風景を撮影するためであった。

〈余録〉

門川町の五十鈴川と三ヶ瀬川が分かれる近くの集落に、「木炭改良記念碑」が建っている。困ったことにこの碑を訪れたのが、茅葺きの窯を探す前だったか後だったかがさっぱり思い出せない。

また、なぜ僕がこの碑の存在を知ったのかも、全く思い出せない。しかし、この地域の木炭が紀州備長炭に大いに影響を受けたであろうことを示す貴重な資料なので、最後に碑文を掲げておきたい。

木炭改良記念碑

本村主要物産タル木炭ノ製法ハ古来ヨリノ極メテ幼稚ナル方法ニテ其ノ改良遅々トシテ進マザリシガ大正二年八月其ノ技術堪能ナル紀州和歌山県日高郡稲原村ノ人立道房吉氏本村ニ移住後本村製炭者ニ対シ之レカ製炭方法ヲ熱心ニ教授シ旦夕其ノ指導ニ余念ナク改良進歩ヲ計リシガ其ノ成績著ルシク今日ノ如キ品質優良ナル木炭ヲ製スルニ至レリ依《よっ》テ製炭者一同相計リ氏ノ功績ヲ永ク伝ヘシト欲ス。

大正十一年二月二十日

門川村木炭同業社一同

（後略）

14 木炭と砂鉄。たたらの里を巡る

島根県広瀬町　大高忠市さん　他

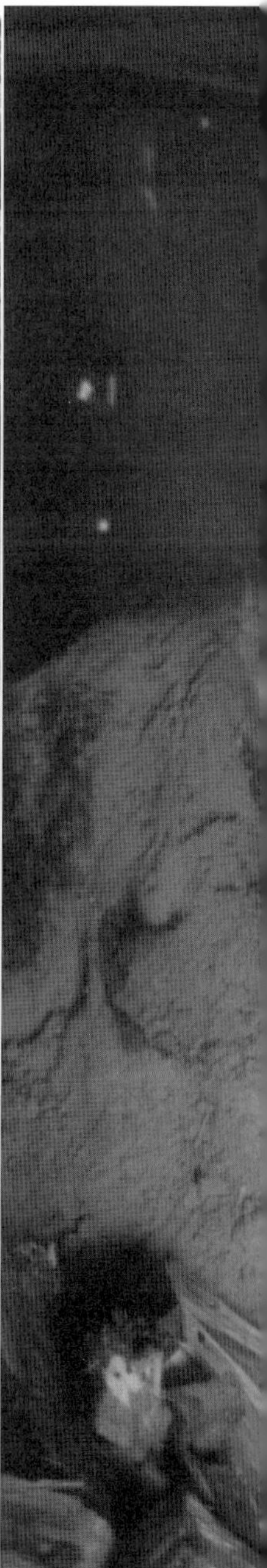

島根県広瀬町、一九二二年生まれの大高忠市さん。島根八名式の窯である

大高さんの焼いた炭。広瀬町の焼き肉屋に売っているそうだ

「だんだん！」の声

『砂の器』といえば、映画化もされた松本清張の代表作の一つ。そのトリックの要が、出雲地方の方言である。殺人事件の被害者が東北弁を話していた、ということから事件解決の端緒を探る刑事が行き着いたのが、なんと東北とは全く離れた山陰の出雲地方だという。

その舞台の一つが島根県仁多郡仁田町《にたにたまち》の亀嵩《かめだけ》である。

雪に包まれた木次線《きすき》亀嵩駅で蕎麦《そば》を食べる。僕はこの旅で、もう何回もこの駅の蕎麦を繰り返し食べている。駅の蕎麦と言っても、安い早いの立ち食い蕎麦ではない。正真正銘の手打ち。しかし、それだけの理由でこの店に立ち寄るのではない。

割子《わりご》。これが出雲蕎麦の最もシンプルなスタイルである。いくつか重なった直径一五センチ弱ほどの専用の赤い器が数個重ねられる。それぞれの器にはあらかじめ蕎麦が盛られている。その器に、直《じか》に蕎麦つゆをかけて、食べるのである。

亀嵩駅は駅舎がそのまま蕎麦屋になっており、観光名所になっている。この蕎麦が目当てで車で乗りつける客も少なくはない。僕もその一人であった。

そして、この独特の蕎麦を食べながらぼんやりと考えていたのは、この出雲内陸、中国山地に連なる一帯の文化と風土についてである。もっとも、数日間の旅の中で初めて見たもの、初めて聞いたものはあまりに多く、とてもひとまとめには考えが及ばない。

及ばぬ考えには見切りをつけ、料金を支払う。払えば店主の「だんだん！」という声。「ありがとうございました、毎度！」といった意味で使われる、あちらこちらで聞かれる、応用性の広い出雲弁である。

閑話休題。

神奈川県藤野町《ふじのまち》の僕の実家からは、今は相模湖《さがみこ》の一部となっている大きな谷の対岸がじ

（右頁）吉田村にある菅谷鑪（ろ）山内（さんない）。右手奥に高殿がある。現在山内が残っているのはここだけ

菅谷たたら高殿。緩やかな大屋根の格調高い建物。左の木は金屋子神の神木、桂の木

つによく見渡せる。小高い山と、神社のある集落。その集落はまさに北向きで、かつては一冬の間、降った雪が融けないほどであった。降雪量自体は少ないが、ぐっと冷え込む藤野町である。

高畑棟材《たかはたとうざい》という作家は戦前に藤野町（旧澤《さわ》井《い》村）栃谷《とちや》に暮らし、『山麓《さんろく》通信』という本をまとめているが、そこにも「神奈川県の北海道」という記述を見ることができる。

その、冬の藤野で、旧来からの白炭窯《しろずみがま》を黒炭窯《くろずみがま》に改造して炭を焼く、という話が伝わってきた。

改造窯が築かれたのは生藤山山麓《しょうとうさんさんろく》の佐野川《さのがわ》地区。植林された急斜面にその窯はあった。この地域で伝統的に使われてきた白炭の日窯《ひがま》の側壁を生かし、窯の天井を低くした黒炭窯。改造の方針を立てたのは杉浦銀次先生らしい。折しも雪。窯の脇《わき》には立派な丸太の居小《いご》屋《や》まである。この寒い中、泊まった人もいるらしい。ずいぶん酔狂な方々である。

その酔狂な方々、この窯を操業しているのが黒鉄《くろがね》会の面々であった。

黒鉄会とは、鉄に関わることなら何でもやってしまおうという、不思議な会のようである。研究者もいれば主婦（？）もいる、不思議な人たちなのである。鉄に興味を持つ者が炭焼き、というのはいささか奇異にも聞こえるが、その窯で作った炭を使って、鉄を作ろうという目論見《もくろみ》らしいのだ。

この窯で焼けた炭は、たたらで使われる、という話であった。ただ、残念なことに、この時の僕は、たたらの炭、という存在がいまひとつピンとこなかったのだ。

しばらくした後、同じ藤野でも比較的畑地の多い名倉《なぐら》地区に、たたらができたという話を聞く。またしても黒鉄会である。たたらとは鉄を作る施設、としか知らないので、巨大な炉のようなものを想像していたのだが、それは高さ一メートルほどの、煉瓦《れんが》の塔というか炉というか、とにかく、あまりたいしたも

たたらに木炭を投入する。砂鉄と木炭の織りなす製鉄風景

のには見えなかった。

そこに先の窯で焼いた黒炭を投入し、ブロアで風を送っている。中には砂鉄が入っているらしい。そこにいた会員メンバーは五人ほどであっただろうか。正直なところ、この時の僕はこの小だたらでの鉄造りに深い興味がわかず、ちょっとだけのぞいて帰ったように記憶している。

しかし、後々気がつけば、自分の住む町で鉄が作られる、というのは驚くべきこと、ちょっとした自慢のネタでは、ないか。

炭焼小五郎の伝説

昔々、奈良の都に玉津姫というお姫様がいた。美人であったが、なぜか黒いあばた顔になってしまう。そこで願掛けをしたところ、夢枕に出てきた神様が、豊後《ぶんご》（大分県）の三《み》重《え》の炭焼小五郎という若者と結婚するように、すると長者となるだろう、と告げる。

はるばる都から下ったお姫様は、汚れた身なりの貧しい小五郎と押し掛け結婚をする。

小五郎は小判を持たされ買い物に出るが、淵《ふち》に水鳥が泳ぐのを見つけ、それを獲ろうと、姫が都より持ってきた小判を投げつける。しかし、逃げられてしまう。家に帰り、この話を嫁にしたところ、あれは都では大変なお宝だと諭される。しかし、「それなら窯のそばにいっぱいある」と答える小五郎。姫が窯に行ってみると、たしかにそこには金がいっぱいあったのだ。

さらに、淵からは金の亀が現れ、神のお告げを言い渡す。姫がこの淵で顔を洗ったら、あばたが治り、小五郎も若々しい姿になったという。集めた金で一大財産を築き上げ、真《ま》名《な》野《の》長者という豪族となり……。

これは、大分県三重町《みえまち》付近に伝わる「炭焼き長者伝説」の前半部の骨子である。

柳田国男著『海南小記』に「炭焼小五郎が事」という一文がある。そこには、全国津々浦々、北は青森の弘前《ひろさき》から南は沖縄の宮古島《みやこじま》

日刀保たたら外観。一回の操業は三日三晩にわたる

まで、姿形は変われども骨子を同じくした炭焼き長者伝説が存在するということが書かれている。この伝説、炭を焼き金属を精錬する権力者、技術者集団が、巨大な支配力を持ってゆく物語、というように読みとることは容易である。

　さて、豊後の国、すなわち大分に、伝説発祥の地といわれる三重町の内山《うちやま》観音や国宝ともなっている臼杵《うすき》の石仏群、炭焼き長者の炭窯跡など、炭焼き長者伝説の遺構を訪ねて以来、僕の中では炭と金属の関係が急速に近づいてきていた。

　もちろん、隣町に暮らす野鍛冶《のかじ》、石井勝さん（7章）の仕事を見た影響もある。

　実際、江戸時代以前には、木炭は庶民一般家庭で使われるものではなく、高貴な身分の人々に使われる以外は、金属精錬、なかでも鉄造りに使われる大事な素材だったのだ。

　そこでようやっと、気になりだしたのが、たたら製鉄である。

　ブオーブオー、という、地の底が呼吸するような音。その音に呼応するようにメラメラと、巨大な炎が立ち上る。これから夜が明けようかという薄暗闇《うすくらやみ》の中、日刀保《にっとうほ》たたらは、まるで巨大な生命体である。

　すでにたたらに火が入れられ、四日目だという。鉄が生まれるその日である。ブオーッという呼吸のような太い音は、ふいごが送る風の音である。

　外はマイナスの冷気なのに、高殿《たかどの》と呼ばれる建物の中は熱いほどである。

　たたらの操業中、砂鉄と木炭が炎の具合などから判断され、交互に入れられる。そのタイミングや量などは、すべて村下《むらげ》と呼ばれるたたら操業の責任者が決定する。表村下・裏村下という二人により指示が下り、十数人の作業員により操業が執り行われる。

　一回の操業で砂鉄一〇トン、木炭一二トンが使われるらしい。それが鉄に生まれ変わるのである。

たたら操業には多くの作業員が従事している

たたらに投入されている炭は、決して質の良い炭ではない。大炭《おおずみ》と呼ばれるたたらの炭には未炭化の部分さえあるのだ。これは木炭が、単なる熱源というだけでなく、砂鉄のように自然界の中で酸化している鉄から酸素を奪い取るという還元剤の役目を兼ねているからで、燃焼時に出る一酸化炭素が重要なのである。

炭が鉄を生む瞬間

長方形の黄土色の湯船のような土製の炉の脇に設けられた湯路から、真っ赤に融けた鉱《こう》滓《し》が流れている。この空間の雰囲気をどう表現すればよいのだろうか。

文化庁選定保存技術保持者、村下の木下明氏の指示が下ったようである。

緊張が漂う。

たたらから、気がつけばあのブオーっというふいごの音が消え、天まで焦がすかのような炎が静まっていく。

炉の壁が、一気に崩される。火の粉と灰が高く舞い上がる。その中から、真っ赤に横たわるケラ（鉧）がその姿を現してくる。

三日三晩投じられ砂鉄と木炭が鉄の塊に変化した異形の姿である。このケラを砕けば日本刀の鋼、玉鋼《たまはがね》と呼ばれる鉄が出てくるのだ。

木炭と人間のさまざまな関係の中に、この巨大な鉄塊も存在しているのである。それは、なんとも言えない感慨の瞬間でもあった。

金屋子神《かなやごしん》が祭られた神棚に祈りが捧げられ、御神酒《おみき》を一口いただく。たたら操業は壮大なる神事という気がする。

奥出雲、日刀保たたら。現存する、唯一の、伝統的製鉄が実際に行われている永代たたらである。

一九九九年二月六日、島根県仁多郡横田町《よこたちょう》鳥上《とりがみ》、出雲の国に来て二日目、僕はたしかに木炭が鉄を生む瞬間をこの目にしたのだ。

戦後、もはや再興されることがないとも思われていたたたらが、この地に蘇《よみがえ》ったのは一

保存されている菅谷鑪の内部。広々としてヒンヤリとしている

九七七年のこと。文化庁が後援し、㈶日本美術刀剣保存協会がたたらを再興したのだ。

高炉で作られた鉄は日本刀には全く向いていないのである。全国の刀匠が、たたらにより生産される鋼が生産されないことに困惑していた。そこで、和鉄よ再び、和鋼よ再び、ということになったのだ。

ここは太平洋戦争中まで稼働した旧靖国たたら跡であり、靖国たたらの地下構造が残っていたことや、同たたらの村下が健在だったことなどが、再興たたら成功のキーとなった。なお、ここは日立金属系のYSSの敷地で、角炉《かくろ》という炉で木炭と砂鉄から鋼を作ってきたという歴史も併せ持っているのである。

今でも、史跡として木炭銑《せん》工場の角炉の煙突が立っているのである。

もう少し、たたらについて記してみたい。

八幡製鉄所の火入れが行われたのが一九〇一年二月。まさに二〇世紀のはじまりとともに行われた火入れは、日本初の本格的西洋式近代製鉄の幕開けとなったのである。以来、石炭・コークスを使う洋式の製鉄はどんどん増産され、安価に大量の鉄が供給されるようになったのだ。

しかし、八幡製鉄所が誕生するはるか以前より、日本では砂鉄と木炭を原料とした鉄造りが行われていたのである。それがたたら製鉄なのである。

たたらによる鉄造りは、五世紀には行われていたのではないか、といわれている。当初は小さな野だたらで鉄が作られていたらしい。

そして、江戸時代になり、製鉄の中心地が中国地方になってきた。なかでも、山陰の松江藩では鉄生産を非常に重視し、鉄山経営をする鉄山師に強力な加護を与えている。松江藩以外では中小の鉄生産者が乱立していたのに対し、松江藩では享保一一年（一七二六年）「鉄方方式」を定めて、九鉄師にのみ鉄生産を許可したのだ。

ＹＳＳ、鳥上木炭銑工場の外観。右手に日刀保たたらの高殿が見える

藩からはばく大な中国山地の山林と田が与えられ、江戸時代中期には山内《さんない》と呼ばれる、鉄生産中心の集団社会とでも呼ぶべきものが、それぞれのたたらに形成されていったのである。

鉄師が所有する広大な山は、たたら炭の供給地であり、鉄山《てつざん》と呼ばれている。

「砂鉄七里に炭三里」とはたたら経営のうえで重要な言葉で、砂鉄はたたらから七里（約二七キロ）以内、炭は三里（約一二キロ）以内で調達しないと、コストが高くなるということを意味している。こういう言葉が残ること自体に、たたら製鉄と木炭がいかに密接な関係であったかがうかがえる。

また、三〇年サイクルで炭材を伐採し年平均六〇回のたたら操業を行うには、一つのたたらにつき一八〇〇ヘクタールの山林が必要だったともいわれている。このことからも、鉄師にとって鉄山と、そこから生まれる木炭がいかに大事だったか、ということを知ることができる。

さらに、永代たたらといえども、これは永代ではなく、木炭の供給が難しくなったときなどには場所を変えるのである。

鉄師の御三家

なお、鉄師のうち、田部《たなべ》・絲原《いとはら》・桜井は御三家とも呼ばれていたという。

先頃亡くなられた、松江のテレビ局や新聞社の会長職にあった田部長右衛門氏は、この御三家のうち田部家の長であった。田部氏が持つ広大な山林田畑などの土地は面積日本一といわれているが、その祖はなんと紀州田辺《たなべ》庄《のしょう》からやってきた豪族であるという。

紀州田辺といえば、紀州備長炭《びんちょうたん》の本拠地である。また、備長炭を開発したといわれる問屋の名は備中屋である。備中《びっちゅう》といえば島根とは斜め向かいの岡山県。この備中屋のいわれはよくわかっていないのだが、なにやら炭つながりの因縁を感じてしまう。

日刀保たたらで使われていた木炭。ざくっとした粗い炭

明治の開国以来、たたらはどうなったのであろうか。

じつは、伝統のたたら製鉄は採算に合わず、まさに坂道を転がるように衰退していくのである。大正一〇年代（一九二一～二六年）にはほとんどの炉が姿を消したのである。

たとえば、後に記す菅谷《すがや》たたらでは、最後の操業が一九二一年五月五日で、二三年七月に閉山が決定される。田部家菅谷出張所長が記した『永代見合留』には、「時代之進運ニ連レ数百年連綿タル一大国家事業即チ鉄山師モ終《つい》ニ支フル能《あた》ハス廃業ノ止ムナキ運命トナレリ茲《ここ》ニ於テ故鉄山人別ヲシテ製炭業ニ就カシメ国ノ内外ニ輸出販売シ……」とあるという。

このように、大勢のたたらで働いていた山内居住者は、炭焼きとして再起したのである。

ただし、太平洋戦争中、七か所のたたらが復元操業を行っている。それは、軍刀需要の増加による緊急的な操業であり、やはり戦後は廃《すた》れてしまっている。この戦中に稼働したたたらの一つ、靖国たたら跡が、先に記した日刀保たたら再興の地となったのだ。

ところで、島根県は、有数の木炭生産県であった。とくに、山陰本線が全通した大正時代後半以降、ぐっと増産された。

この大正末以来、島根県は岩手・福島などと並ぶ全国有数の木炭生産県となった。島根の木炭の生産量のピークは戦前の一九四〇年の黒炭九万一七五九トン、白炭一万三八六〇トンの総計一〇万五六一九トンであった。また、戦後のピークは一九五七年で、黒炭、白炭合わせて九万四六八〇トンであった。

前述、『砂の器』の中で、亀嵩に住む算盤《そろばん》製造業の老舗《しにせ》の主人が、捜査に来た東京の刑事に「（亀嵩の）生業といったら、炭焼だとか、椎茸《しいたけ》の栽培だとか、木樵《きこり》だとか……」と語るくだりがある。

この小説の年代設定は、一九三八年に警察をやめた駐在がその二〇年後に殺されるとい

弓谷たたらの壮大な地下構造。頓原町教育委員会のおかげで撮影できた

うことから、ちょうど一九五七年前後と推測される。まさに島根木炭戦後の全盛期と重なっているのだ。

なお、一九九九年の島根木炭は、黒炭二九五トン、白炭一トンと、かなり寂しいものになってしまっている。

鉄の資料館巡り

島根出雲の旅では、黒鉄会の人たちとともに、いろいろな資料館を訪れた。僕の旅としては異例なことであったが、なにせたたら製鉄というものがあまりに壮大で、その姿の一角だけでも把握するには、こういった施設が参考になったのである。

また、奥出雲周辺では鉄の道文化圏構想があり、近隣市町村のあちらこちらに鉄にまつわる資料館・博物館がある。

最初に訪れたのは、安来《やすぎ》市の和鋼博物館。まだ、本物のたたらを見る前に寄ったのである。ここには元禄年間（一六八八〜一七〇四年）、一七世紀末に開発された天秤《てんびん》ふいごが展示してあった。この天秤ふいごが一般的になってはじめて巨大な永代たたらが操業できるようになったという。

余談だが、ここに展示してある天秤ふいごは現存する唯一のものだが、これは島根県西部の石見《いわみ》地方、若杉たたらで使われていたものなのである。このたたらを経営していたのは、三宅という鉄師。ついでに、和鋼博物館の学芸主任も三宅さんで、なにやら三宅尽くしの博物館である。

横田町の絲原記念館奥出雲たたらと刀剣館では、たたらに造詣《ぞうけい》の深い郷土史研究家の高橋一郎さんに、丁寧に解説をしていただいた。この、奥出雲たたらと刀剣館には、たたらの地下構造がわかるような地下断面の実物大の模型があった。

近世の巨大な永代たたらにおいては、炉に水分を寄せつけないことがとても大事であった。水分があると炉底温度が上がらず、良い

鉄山師の威光を象徴する蔵の群。吉田村の田部家のもの

ケラができないという、東京工業大学の永田和宏教授の研究も発表されている。

その湿気防止のために、炉の地下には深さ三メートルにも及ぶ壮大な構造があるという。すごいことなのだが、模型の迫力はやはり模型なのだということを後に知ることになる。

こうして、いろいろな資料館を訪ねたが、圧巻は吉田村《よしだむら》であった。

吉田村は前述した大鉄師、田部家の屋敷があった地域である。今でも、真っ白い倉が数多く建ち並ぶその様には驚きを禁じえない。その田部家が最後までたたらを吹いていた「菅谷たたら山内」が、家並みをそのままに現代に残されている。

菅谷たたらはまさに高殿であり、その高殿に向かって斜めにのびる山内の家屋は、たたらが中心の生活、という一つの歴史を物語っていた。

さて、高殿である。木造柿葺《ぶき》の高殿は、前面、奥行き共に一〇間（一八・二メートル）、高さ二八尺（八・六メートル）と、なかなかの大きさである。ただ大きいだけではなく、そのなだらかな大屋根が持つ優雅さは風格さえある。

日刀保たたらの高殿は、同じ高殿といっても木造ではなく、見た目の美しさは正直なところあまりないのだ。

中はがらんとしていて薄暗い。たたき締められた土間の中心部に長方形の炉が築かれている。高さ一メートル二四センチ、幅一メートルから一メートル一七センチ、長さ約三メートル。残念ながら、ここで男たちが仕事を重ねた活気のようなものまでは想像することができなかった。ただ、太い丸太と高い天井に、この高殿を建てた人々の匠技を感じないわけにはいかなかった。

語り部・雨川さんの歩み

この菅谷たたらを見下ろす小高い丘の上に

雨川輝夫さん。山内に生まれ、田部家の焼き子もしていた。菅谷たたらの語り部である

は山内生活伝承館があり、当時の生活に使われていたいろいろな民具・道具が展示されている。また『出雲炭焼き日記』という村が作ったビデオを見ることもできる。

このビデオに収められているのは、まさにたたら炭のできるまでである。山あわせという衣装に身を包み、山の検分から築窯《ちくよう》、そして炭焼きまでが緻密《ちみつ》に再現されている。

そのビデオにも映っている雨川輝夫さんは、一九二七年、この菅谷たたら山内で生まれた人である。

この菅谷たたらは一九三九年から四〇年にかけて、田部家から借り受けるかたちで、出雲製鋼株式会社がたたら操業を行ったが、雨川さんは、この時は、学校から帰って、砂鉄や炉の土を背負ったり、あるいはノロ（鉱滓）の中から鉄の小さなものを拾うなどして小遣いを得ていたという。

海軍で出征した後、一九四六年六月に帰国。田部家の焼き子として炭を焼き、その後一時期は勤めをしていたという人である。

一九六九年に日本鉄鋼協会がたたら製鉄を復元操業したことがあった。この時、雨川さんは、堀井村下の下、小回りという雑役係としてたたら製鉄の現場で働いたという。

そして、現在は語り部として、ここを訪れる多くの人に、たたらを、そしてたたら炭を伝える雨川さんなのである。

雨川さんが炭を焼いていた頃は、炭を焼く山が、冬山・夏山と分けられていたそうである。夏山は家から一時間ほど歩いた場所で、帰りには炭を背負って帰ってきたこと、また、冬山は家の近くの山であったことなどを聞いた。

なお、この伝承館の裏手にはたたら炭を焼いた炭焼き窯が復元されている。窯の背がぐっと高い、独特の窯である。使われているようすがないのがすこし寂しいところである。

さて、この旅の途中、おいしさと珍しさから何度も立ち寄った駅、亀嵩から、国道を西

島根県広瀬町の大高忠市さんの窯

に向かい、久比須峠を越えると広瀬町《ひろせまち》。峠からしばらく行き、西比田《にしひだ》の集落手前で左に折れると金屋子《かなやご》神社がある。ここが一二〇〇もの金屋子神社の本社なのである。

日刀保たたらにも、菅谷たたらにも、金屋子神が祭られている。そう、金屋子神はたたらの神なのである。

雪の積もった境内にはケラがあり、ご神木の桂《かつら》の木が生えている。神社入口には妙に近代的な金屋子神話民族館という資料館もある。この神様についても数多くのエピソードがあるが、ここでは割愛する。

炭焼きさんと出会う

この神社への入り口にあたる集落、西比田に炭焼きの煙が上がっていた。

人家がとぎれ雪がうっすら積もった道に沿った窯にお邪魔する。小ぶりだが、いい窯だ。焚《た》き口には古いお風呂に使われていた金属の焚き口がつけられている。

突然やってきた見慣れぬ車にびっくりしたのか、しばらくすると炭焼く人が現れた。

今回の旅では、すでに使われなくなった窯や、煙を上げる現役の窯だが近くに炭焼きさんのいない窯にはずいぶんお目にかかっていた。亀嵩駅近くにも煙を上げている窯があったのだが、残念なことに炭焼く人とは出会えなかったのだ。ここでようやっと現役の炭焼きさんと出会えたのである。

大高忠市さん。一九二二年の生まれ。父親の代からこの地で炭を焼いている。ほかに郵便の配達や百姓をしてきたという。

窯は島根八名《やな》式である。一九一九年に愛知県八名郡の平田政衛が製炭指導で招かれ伝えられた八名式窯を改良した窯である。窯の内側は奥行き二メートル、幅一メートル五〇センチほど。昨日から焚きはじめたところであるという。大高さんはこの窯を一二日ぐらいのサイクルでまわしており、どうやら、昨日焚いたところらしい。炭はおよそ一四〇キロ

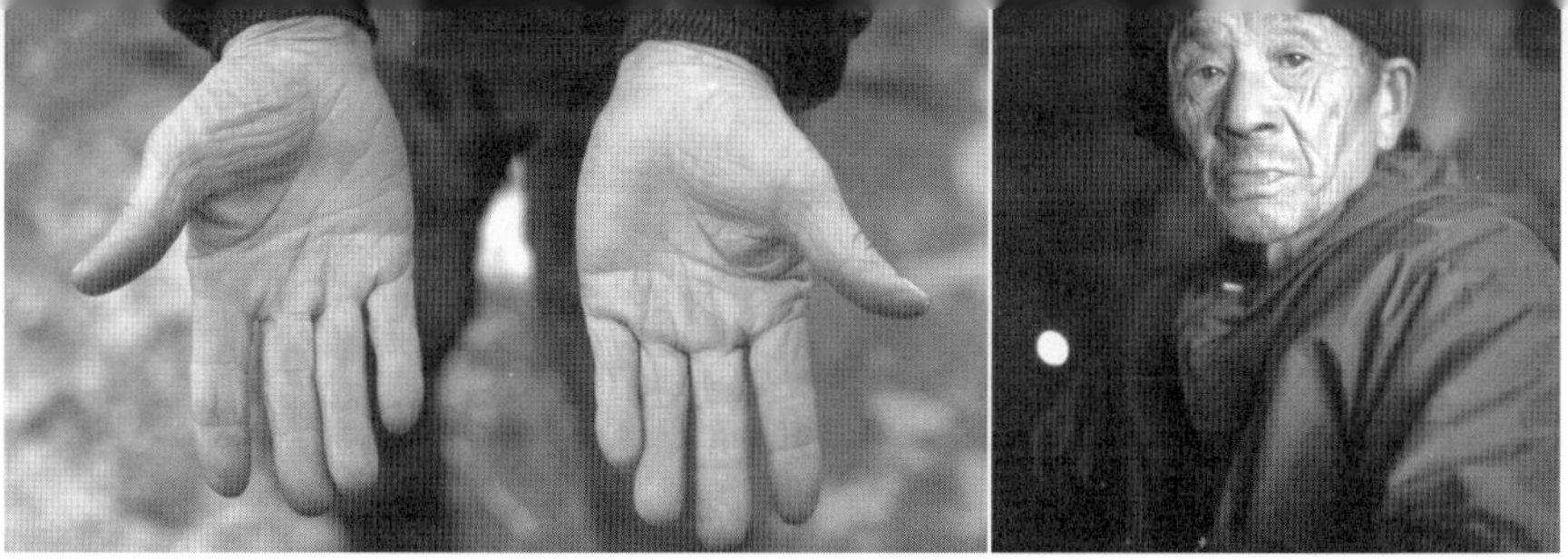

から一五〇キロができるという。

大高さんの炭は、同じ広瀬町の焼き肉屋に収めているのだという。キロあたり一五〇円ぐらいというから、ずいぶん安い。「安いから誰も炭を焼かない」と語る。

窯の近くで話していたら、家に寄っていけ、ということになった。大高さんの家は窯からすぐの所であった。

時ちょうどお昼時。突然の珍客にもかかわらず、奥さん手作りの昼食をいただくことになった。感謝しながら、大高さんに話を聞く。

戦前、大高さんは、靖国たたらと同じように、軍需たたらとして復活した、近くの金屋子たたらへ収める炭も三年ばかり焼いていたという。

ところで、大高さんの住む広瀬町西比田と横田町鳥上とは、市川峠をはさみ、背中合わせの場所である。

その峠を越えて、炭を収めていた人が狐《きつね》に化かされる、という昔話を、大高さんはじつに楽しそうにしてくれるのであった。しかし、残念ながら大高さんの言葉は正調出雲弁である。話の肝心な部分がどうもよくわからない。わからないけれども語り口がじつに楽しい。つられ笑いではありながら、楽しいひと時を過ごさせていただいたのである。

弓谷たたらの遺構

さて、いよいよ長い話は終わりに近づいた。じつは、この旅でじつにタイミングよく、ある遺跡に行っている。

吉田村の西に頓原《とんばら》町《ちょう》がある。名山三瓶山《さんべさん》の東麓《とうろく》でもある山地の町から、画期的な遺構が発見された、というニュースがラジオから流れたのが、ちょうど松江に着く頃だった。

この遺跡は、田部家により江戸時代から明治期までたたら製鉄が営まれた跡で、複雑な地下構造の遺構が、完全な形で残っているという。そこには「火渡し」「火落とし穴」という、地下を焼き抜く工夫がされているらし

（右頁の右）大高忠市さん。金屋子たたらに使う炭を焼いたこともあったという。（同左）大高さんの年齢を刻んだ職人の掌

大高さんの炭切り場。窯から道をはさんだ反対側にある

い。

日刀保たたらで製鉄を見た後、その遺跡を見るチャンスに恵まれた。

弓谷《ゆんだに》たたら。

僕は、その複雑精緻《せいち》にして巨大な遺構を前に、驚きを禁じえなかった。それは、博物館の地下構造の断面に比べ、圧倒的な迫力であった。リアリティーがあった。たたらの地下とはこんなにすごいものなのか。すごいとは陳腐な表現だが、それほどすごいのだ。

しかし、考えれば、これも土と石と木と、そして炎で作る構造物である。遺跡の断面からは、黒い炭の層がのぞいている。

僕のぼんやりした頭は、この巨大な遺構と、かすかにのぞく炭の層を見ながら、全く別のことを考えはじめていた。

それは、この地下構造を作った人たちのことであった。この構造を作ったのはたたらで働く人たちであろう。そして、奥深いこの鉄山で炭焼き窯を作ってきたのも、たたらで働く人々だったはずだ。

どちらも、土や木や石という、そこにしかない天然の恵みを、炎という魔法を駆使して結晶させたものではないか。

炭焼きの窯で築き、養った人智・技術がこの複雑な地下構造に結晶しているのに違いないのだ。

＊

奥深い中国山地の一角。

炭焼きと金属の壮大なる歴史物語を、肌でじわじわ感じていた僕であった。

〈追記〉

この年、吉田村炭焼会の山子《やまご》祭りにも参加させていただいた。いろいろな話を伺ったが、うまくまとめられなかった。少々残念である。

この取材では、東京工業大学永田和宏教授や、㈶日本美術刀剣保存協会の皆さま、頓原町教育委員会に、ずいぶんお世話になった。この場を借りて、感謝したい。なお、日刀保たたらは非公開。

15

されど炭一本の生業への模索

鹿児島県菱刈町　窪田麻子さん

（右）ムダを出さぬよう、炭を選り分ける（窪田麻子さん）

（上）鹿児島県菱刈町・窪田商店で焼かれている黒炭

（下）左から窪田隆志さん、本間和道さん、そして窪田麻子さん

窯口の大きな独特な窯。焚き口が別にあるタイプの窯である。熊本県人吉にも同様の窯がある

心に残る写真が縁で

遠い町の知らない誰かが、僕の写真を見てくれている。写真家にとってこれほどうれしいことはない。

一九九九年二月一四日、島根のたたら炭を取材した後、僕は広島から別府へ渡るフェリーに乗船した。九州に渡り鹿児島県をめざすのである。

翌日、別府《べっぷ》から九州を横断し、熊本側から南に下る。八代《やつしろ》から球磨川《くまがわ》に沿って内陸の人《ひと》吉《よし》盆地へ。県境の久七峠《きゅうしちとうげ》からぐんぐんと下る。いよいよ鹿児島県である。とっぷりと暮れた大口《おおくち》市を過ぎれば、いよいよ目標の菱刈《ひしかり》町《ちょう》は近くである。

一通の手紙が、編集者を経由して僕に届けられた。スズランとツタがデザインされた封筒に、はっきりとした字で、雑誌社の住所と僕の名が記されている。裏を返すと鹿児島の住所。そして、女性の名前がきりりと記されている。

手紙の主は窪田《くぼた》麻子さん。初めて見る名前である。

封をあければ数枚の便箋《びんせん》。そこには、「チルチンびと」という雑誌に僕が書いた秋田の竹内製炭所の記事を興味深く読んでくれたことが、まず記されていた。続いて、その記事の筆者が「ヤマケイＪＯＹ」という雑誌に掲載された山の写真の撮影者であったことを思い出したことが、綴《つづ》られていた。

人の心に残る写真があったということで、僕はとてもうれしくなったのである。

さらに、手紙は続く。そこには、窪田さんが、大学卒業後一年勤めた後、実家に戻り、家業の炭焼きを手伝っていること。最近のマスコミでは木炭が美しくノスタルジックなものとして扱われすぎ、自分の炭づくりとギャップを感じることなどが、素直に語られていた。そして、製炭に関する経済的なエピソードが続いていたのである。

窯口から見る。累々（るいるい）と並ぶ、焼き上がった炭。（左）木酢液を農業に活かす。窪田さんの一番の狙いは木酢液の活用にあった

たしかに僕も写す側、書く側の一人として、目に見えてドラマチックなことを選んでしまうところがある。白炭《しろずみ》の窯《かま》出し作業に比べ、黒炭《くろずみ》の作業が地味に見えてしまうのも、確かである。痛いところを突かれた思いがした。

これは、鹿児島まで足を運ばなければいけないと思ったのだ。

会社組織で炭を焼く

前年、大分や宮崎を炭焼きを探してうろうろした僕だったが、鹿児島までは足を延ばしていない。以前、カメラマンのアシスタントをやっていた頃、ほんの少しだけ立ち寄った程度なのである。だから、鹿児島のことはよく知らず、つい南国のようなイメージを抱いていたのだが、内陸の冬は存外寒く、寝ていた車の周りには真っ白く霜が降りていた。

窪田さんの窯は、交通量の多い県道からすぐの場所にあった。市街地のはずれといったような場所で、山の中ではない。

うっすらと炭焼きの香りが漂うこの場所で迎えてくれたのは、窪田麻子さん、父親の隆志さん、配達などもする本田和道さんたちであった。

ここでは㈱窪田商店という会社組織で炭を焼いているのだ。

手紙を出してくれた麻子さんは、僕よりも一回り近く若いすらっとした方だった。見ず知らずの人に手紙を書くというのは、積極的な、スポーツが得意そうな女性かなあ、などと勝手に想像していたが、とても穏やかな方であった。

ここに築かれている窯は七基。それが敷地の中に大きな円弧を描くように築かれていた。ちょうど、その円の真ん中あたりに、炭をそろえたり切ったりする小屋が配置してある。

窯は、比較的背の高い、大窯である。

手紙に書かれていたように、それはすべて黒炭の窯であった。うち一基は倉庫代わりと

窪田商店の倉庫に積まれた木炭。製造から販売まで一手に引き受けている

なっていたので、稼働していたのは六基。いちばん大きな窯が、一窯で一八〇〇キロ（一俵一五キロ換算で一二〇俵）、いちばん小さな窯で一〇〇〇キロ（同六七俵）を出炭するという。一つの窯をだいたい月に一回まわすので、月に六窯という勘定になる。

原木はほとんどがカシ。原木はすべて業者から買っているという。木炭の生産と同時に、木酢液《もくさくえき》（炭焼きの煙から採る液）にも力を入れているという。

独身の若い女性が黙々と

この日、麻子さんの仕事は、窯の中から焼き上がった炭を運び出すことや木炭を切って梱包《こんぽう》することであった。農作業用の日除《ひよ》けの着いた帽子を深くかぶり、炭の粉やスバイ（素灰）が飛び散る中、黙々と作業を続ける麻子さんである。

また、この地域で「しょけ」と呼ぶ箕《み》を使ってスバイを揺する（ふるいにかける）のも麻子さんの仕事である。

以前、初めて紀州備長《びんちょう》炭《たん》の玉井製炭所（2章）を訪れたとき、働いている人が若いことにびっくりしたことがあった。

ただ、玉井製炭所でも働いていたのは若い男ばかりだったのである。その後、玉井製炭所で炭拾いをする若い女性もいたが、それは夫婦で炭焼きを学びに来た人で、独身の若い女性が炭焼き窯で働いている、という姿は、新鮮さと違和感とが入り交じった、不思議な感慨を抱かせた。

しかし、よく考えてみれば炭焼き窯に女性が働くことに何の不思議もなく、またその女性が妙齢であろうが熟齢であろうが、それは男のおせっかいとでもいうべきものである。

窯の中と外を行ったり来たりという作業を重ねると、どうしても炭の粉で黒くなる。現代の妙齢の女性には難しい仕事かもしれない。だが、そんなものは洗えば落ちる汚れである。

（左）ほっと一息。長い立ち仕事にとって、このひと時が安らぎだ

（右）窪田さんの窯に祀（まつ）られた御幣

炭を箱詰めする麻子さん。かなり根気のいる作業である

麻子さん、黙々と仕事をこなしている。ただ、いまひとつ楽しそうでないのが気になった。

さて、焼き上がった炭は、丹念に質を追求した炭という印象ではない。どちらかというと、使いやすい炭という印象である。こういう書き方だと、誤解を招きかねないのであるが、つまり、粗悪なバーベキュー用の輸入炭などとは比べるのも失礼な〝きちんとした〟普通の木炭である。これが窪田商店の炭なのだ。

この本に取り上げた炭焼きさんたちの多くが、どちらかといえばちょっとネームバリューのある木炭を焼いている方々であった。紀州備長炭・池田炭《いけだずみ》・研ぎ炭《とずみ》。しかし、一般家庭で普通に用いられた木炭は、そんな上等なものではなかった。それは生活の炭だったのだ。

翻って言えば、昭和三〇年代（一九五五〜六四年）まで、全国津々浦々、山と森があれば焼かれていた木炭は、ほとんどが、普通の、生活の炭だったのである。

麻子さんの手紙には、自らの仕事について、淡々とした作業が中心でそうドラマチックなシーンなどないのも事実ですが、と語られている。その言葉を改めて思い返す僕である。

焼き子制度への挑戦

もともと、社会人としての第一歩は、東京新聞社の印刷部門で働くサラリーマンだった、と語るのは父親の窪田隆志さん。現在の仕事は、隆志さんの養父母の仕事を引き継いで始めた事業なのである。

「ぼろくそ言われながら、やりましたよ」

東京でサラリーマン生活を送っていた隆志さんが養父母の下に戻ってきたのが、一九七九年のことだったという。その実態は戻ったというより戻らされた、というほうが正解らしい。当時、窪田さんの家は炭問屋をやっていた。その仕事が、いまひとつの業績となっ

採りたてのイチゴ。とてもおいしい。しかし、今後は木炭一本に仕事を絞るそうである

（右頁）木酢液を使ったイチゴのハウス栽培。麻子さん自身、農業のほうが好きだと言っていたのだが

たのだ。そこでは、焼き子（出来高払いで働く製炭労働者）の元締めとしても仕事をしていて、旧態然とした商売がまかり通っていたらしいのである。

その「旧態然」を変えていくことから、隆志さんの挑戦が始まった。

焼き子制を改め、従業員として雇う。そのために窯を築いたのである。三級品の炭を線香工場に引き取ってもらい、木炭価格の見直しを始める。専業に努めるばあちゃんたちとけんけんごうごうやり合いながら、いい炭を作る努力を重ねていったのである。

炭の売り先は主に福岡だったようだ。最初は苦情が多かったのだが、徐々に客がついてくるようになったという。

木酢液で無農薬農業

その中で、窪田さんが力を入れていたのが木酢液。自ら、

「炭焼きよりも農業のほうが奥が深い」

と言う隆志さん。木酢液を使い、無農薬でそれなりの収量を上げると言い、農業にも力を注いでいるのである。

木酢液と木炭の農業を実証するという意気込みの農業である。

僕が見せていただいたのは、三〇〇坪（九・九アール）のハウス。ここではイチゴが栽培されていた。あちらこちらに熟したイチゴが赤い姿をのぞかせている。無農薬だからそのままで食べられるという。

ギュッとかめば、甘さと酸っぱさがじわっと広がる。おいしいイチゴである。

そのほか、別な所に畑地が借りてあり、各種の野菜を栽培しているという。

そんな父のもとに麻子さんが帰ってきたのは、二年前の四月のことだった。福岡の女子大を卒業し、一年ほど福岡で勤めていた麻子さんが、仕事をやめたい、と話していたのである。

それがちょうど、従業員のおばさんが一人

窯で働く父と娘。親の土俵の上では相撲を取るな、となかなか厳しい父親である

やめた時期と重なった。そこで、そのおばさんと同等の賃金と労働条件で麻子さんが働くことになったのである。

お金が貯まったら出ていこうと思ったら、ちっとも貯まらない。笑いながら話す麻子さんは、塾のアルバイトもしているという。

「……祖父の時は集荷業（祖父自身は炭づくりで手を汚すことはなかった）だったので、卒論で昔の炭焼きさん（山から山へ渡る焼き子さん）に話を伺いにまわったときは申し訳ない気持ちにも多々なりました。……」

麻子さんからいただいた手紙の一部である。

卒業論文は、炭焼きさんのことをテーマにした彼女だが、自分の進む道と卒論はリンクしていなかったらしい。

しかし、一年間の就職後、彼女は菱刈町に戻ってきたのである。

「ほかに仕事がなく、ずるずると親の仕事を手伝いはじめた、というのが本音だ」

と言う。しかし、これは本心からそうだとも思えない。

彼女の手紙には、「二〇年後・三〇年後の日本を考えたとき、皆が皆こギレイな仕事しかしない国はどういうものかとも思いますが……」と語られている。これこそ、自ら炭焼き仕事の現場に立つ、麻子さんの思いがこもった重い言葉ではないだろうかと、思えるのだ。

＊

初めて訪れた鹿児島の窯で焼かれていたのは、決して上等な炭ではなかった。しかし、普通の使いやすい、生活の炭であった。

僕は、はるか鹿児島まで行って普通の木炭を写せたことに、不思議な充実感を覚えていたのだ。

木炭一本に活路を求めて

この稿を起こすにあたり、久々に麻子さんに電話を入れた。久しぶりに聞く麻子さんの

暗い窯から焼き上がった炭を運び出す。地道な仕事だが大切な仕事だ

声である。

聞けば、僕が訪れて一年半ほどの月日しかたっていないにもかかわらず、相当景気が悪くなっているようである。やはり輸入木炭とは価格の桁《けた》が違うのである。

二〇〇〇年九月から、窪田さんは一〇年以上続けたイチゴ栽培をはじめ、その他の畑をすべてやめるという。仕事の活路を木炭一本に絞るという。週に三日は農作業をしてきた麻子さん、塾のアルバイトもやめ、これからは炭一本の仕事だという。

そして、麻子さん自身も、「三〇歳になったら、家を出ろ」と言われているらしい。なかなか厳格な家庭なのである。

正直いえば、前途はかなり多難ではないか、という印象がぬぐい去れない。だが、自ら選んだ方向である。はるか彼方《かなた》の神奈川から熱いエールを送りたい。

ただ、一つだけ気になることがある。僕は、麻子さんにもっと活躍してもらいたいのだ。炭焼きの工程全般に関わってもらいたいのだ。

炭焼きの面白さとは、木を伐《き》るところから製品を運び出すまで、全部自分でやることだ、というのが、僕と同年代の炭焼き士、長沢泉さん（3章）の言葉。彼が黒炭製炭を研修したとき、会社組織の黒炭窯では、若い従業員が炭焼きをいやいややっていたらしい。分業化された会社では、それも無理からぬ、と長沢さんは言っている。

僕も長沢さんの話に全面賛成である。

たとえ三〇歳までという短期間であっても、炭焼き全般の奥深いノウハウ、炎を操る術を身につけてほしいと思う。黒炭の世界にドラマがないということはない。ぜひ、窪田麻子さんには窪田さんのドラマを作ってもらいたいと願うのである。

手紙をいただいて二年余。これが僕の遅くなった返事である。

あとがき

はじまりは、石井高明さんであった。

石井さんと過ごした濃密な山の時間は、炭焼きがいかに豊饒《ほうじょう》な世界であるかを、体の中から教えていただく貴重なものであった。炭焼きが山仕事の要素をすべて兼ね備えた、総合職であること。伐《き》る。出す。割る。運ぶ。窯《かま》をつき小屋を建てる。道を直す。炎を操り、炭を焼く。炭焼きとは、自然の中で、技術と経験と体力を背景に、五感と肉体を駆使したすばらしい仕事だ、ということを教えていただいた。

以来一〇年余。全国の炭焼きさんを訪ねてまわった。それは、津々浦々の風土に根ざした炭焼きに、感銘を受けるばかりの旅であった。

当初、もはや消え去るのではないだろうかと危惧《きぐ》した木炭であったが、とくにこの数年、木炭が、天然素材・エコグッズとしてちょっとしたブームになり、再び市民権を得るようになるとは、思いもよらぬことであった。しかし、山間《やまあい》の地で黙々と仕事を続ける炭焼きさんの生活がどれだけ向上したか、となると、残念ながらまだまだかなり厳しい状態である。安価な人件費を背景にどんどん輸入される木炭は、国内産の木炭にとって今や大きな脅威となっているのだ。

それでも、長沢さんや宗近さんをはじめ、この世界に飛び込む若者もいる。土屋さんや窪田さんのように、親の背中を見て育ち、同じ土俵で汗を流す若者もいる。炭焼きを訪ねる旅は、新たなる世代に、大いなる希望を感じさせてもらう旅でもあった。

旅の先々では、ずいぶん温かいもてなしを受けた。お礼をできぬまま、ずいぶん月日がたってしまったが、この本に取り上げた人、残念ながら取り上げることのできなかった人、僕の炭

焼き紀行に関わったすべての、たくさんの人に感謝しつつ、ようやっと拙《つたな》いながらも一つの形を結ぶことができたこの本をもって、お礼とさせていただきたい。

また、この記憶と記録が曖昧《あいまい》に混濁した紀行文をここまで読んでいただいた読者の皆様にも心から感謝したい。この本を読んで、炭焼きという仕事と生き方に少しでも興味を持っていただければ幸いである。そして、厳しい撮影を支えてくれた各カメラ・レンズメーカーの方々、この本を企画し、面倒をみて下さった編集関係の方々にもお礼を申し上げたい。

僕の炭焼き紀行はまだまだ続く。これを結語として、筆を擱《お》きたい。

◇——本書の撮影には主に以下の撮影機材を使用しました。カンボSCN、マミヤRB67、マミヤプレス、マミヤC330、ペンタックスLX・ニコンF5、シグマSa5、並びに各種シグマレンズ

◇——本書の一部は「山と溪谷」（一九九九年一二月号、山と溪谷社）、「季刊銀花」（一九九六年春・一〇五号、文化出版局）、「国語通信」（一九九六年、筑摩書房）、「アウトドア」（一九九九年二月号、山と溪谷社）、「ヤマケイ情報版」（一九九三年秋、山と溪谷社）、「チルチンびと」（一九九八年冬・第三号、風土社）に掲載されたものです。収録にあたり、一部を削除・修正し、新たに加筆いたしました。

◇

炭取扱(本書紹介)問い合わせ先

本書で紹介した取材・撮影先の中で、炭、および炭関連製品の取り寄せ照会などが可能なところを紹介いたします。

玉井又次(備長炭研究所)
〒649-2532
和歌山県西牟婁郡日置川町安居1057
電話　0739-53-0048

長沢　泉(金の猫)
〒516-1534
三重県度会郡南島町古和浦807-20
電話・ファックス　0596-78-0215
eメール　cdt87640@par.odn.ne.jp

木藤古徳一郎(バッタリー村)
〒028-8603
岩手県九戸郡山形村大字荷軽部9-31
電話　0194-72-2959

(有)谷地林業
〒028-8603
岩手県九戸郡山形村大字荷軽部第3地割18番地
電話　0194-72-2221
ファックス　0194-72-2330

竹内慶一(竹内製炭所)
〒019-0111
秋田県雄勝郡雄勝町上院内字山の田138
電話　0183-52-3668

鈴木勝男((有)秋田三七三共同ビル事業部)
〒010-0013
秋田市南通築地3-5
電話　0188-32-3668
ファックス　0188-32-3548

土屋光栄
〒999-0902
山形県西置賜郡飯豊町荻生1103
電話　0238-72-2526
ファックス　0238-72-2630
eメール　mituei38@cronos.ocn.ne.jp

石井　勝
〒409-0111
山梨県北都留郡上野原町棡原10298
電話　0554-67-2801

今西　勝
〒666-0101
兵庫県川西市黒川字大上197
電話　0727-38-0268

宇野　明
〒910-2527
福井県今立郡池田町板垣54-2-1
電話　0778-44-7048

(株)窪田商店
〒895-2701
鹿児島県伊佐郡菱刈町前目2025
電話　09952-6-0037
ファックス　09952-6-2608

◇主な参考文献

『山陽・山陰　鉄学の旅』（島津邦弘著、中国新聞社）
『砂の器』（松本清張著、新潮社）
『たたらと村　千草鉄とその周辺』（鳥羽弘毅著、千草町教育委員会）
『人間と鉄　シンポジウム総集編』（（財）鉄の歴史村地域振興事業団出版）
『菅谷鑪』（島根県文化財愛護協会）
『日向』（中村地平著、鉱脈社）
『日向ものしり帳』（石川恒太郎著、鉱脈社）
『日本山海名産名物図絵』（社会思想社）
『雄勝町史』（雄勝郷土史編纂委員会編、国書刊行会）
『信州鬼無里の炭焼きものがたり』（銀河書房）
『炭』（岸本定吉著、創森社）
『土佐備長炭』（宮川敏彦著、高知新聞社）
『海南小記』（柳田国男著、定本柳田国男全集１巻、筑摩書房）
『村の鍛冶屋』（佐藤次郎著、クオリ）
『岩手木炭』（畠山剛著、日本経済評論社）
『作刀の伝統技法』（鈴木卓夫著、理工学社）
『紀州備長炭の世界』（岸本定吉監修、田辺市経済部農林課）

腕ききの炭焼き職人である木藤古徳太郎さん夫妻。
黒炭の窯出し作業（岩手県山形村）

Profile

●三宅　岳（みやけ　がく）

1964年、東京都生まれ。10歳の頃より、神奈川県藤野町に育つ。東京農工大学環境保護学科卒業。ユズ編集工房写真部を経て、現在、フリーの写真家。北アルプス・丹沢を中心とした山岳写真から、炭焼きをはじめとする山仕事などまでをテーマとしているが、スタジオでの写真なども撮る。

著書に『雲ノ平・双六岳を歩く』『花の山旅　槍ヶ岳・雲ノ平』（ともに山と溪谷社）、『山岳写真の四季』（東京新聞出版局、三宅修と共著）がある。

炭《すみ》焼《やき》紀《き》行《こう》

2000年11月10日　第1版発行

著　者──三宅《みやけ》　岳《がく》

発行者──相場博也

発行所──株式会社 創森社

〒162-0822 東京都新宿区下宮比町2-28-612

TEL 03-5228-2270　FAX 03-5228-2410

振　替 00160-7-770406

組　版──有限会社 天龍社

印刷製本──株式会社 ノンブルエイト

落丁・乱丁本はおとりかえします。定価は表紙カバーに表示してあります。

 ISBN 4-88340-090-5 C0061